程式設計師和科學家的
互動式圖形工具箱
D3 實用指南

D3 for the Impatient

Interactive Graphics for Programmers and Scientists

Philipp K. Janert　著
何敏煌　譯

目錄

前言

本書編排慣例

本書使用以下的編排規則：

斜體字（*Italic*）

代表新的術語、URL、電子郵件地址、檔案名稱及副檔名。中文以楷體表示。

定寬字（`Constant width`）

代表程式，也在文章中代表程式元素，例如變數或函式名稱、資料庫、資料類型、環境變數、陳述式，與關鍵字。

定寬粗體字（**`Constant widthbold`**）

顯示應由使用者直接輸入的命令或其他文字。

定寬斜體字（*`Constant width italic`*）

代表應換成使用者提供的值，或依上下文而決定的值。

使用範例程式碼

本書的範例程式碼或練習等，可從 *https://github.com/janert/d3-for-the-impatient* 下載。

本書的目的在協助你完成工作。一般而言，你可以在自己的程式與文件裡，使用本書的範例程式碼。除非重新製作並散佈大部分程式碼，否則不需要與我們聯繫以取得授權。

例如，開發程式時使用書中一些範例程式碼，並不需要取得授權。然而販賣或散佈歐萊禮書籍的範例程式光碟，就需要取得授權。為了回答問題，引用這本書的內容或程式碼，並不需要取得授權。把書中大量範例放到你自己的產品文件中，就需要取得授權。

如果你在引用它們時能標明出處，我們會非常感激。在標明出處時，內容通常包括標題、作者、出版社與國際標準書號。例如：「《D3 Philipp》 K. Janert 著（O' Reilly）的作品。版權所有 2019 Philipp K. Janert，978-1-492-04677-6。」

如果你覺得自己使用範例程式的程度超出上述的允許範圍，請隨時與我們聯繫，可寄 email 至 *permissions@oreilly.com*。

致謝

感謝 Mike Loukides 和 Scott Murray，他們從一開始就非常支持這個寫作計畫。感謝 Giuseppe Verni、Jane Pong、Matt Kirk、Noah Iliinsky、Richard Kreckel、Sankar Rao Bhogi、Scott Murray 與 Sebastien Martel 等人，他們不僅協助了本書的審校，測試了書中的範例，還提供了許多寶貴的建議，尤其是 Matt、Scott 和 Sebastien 的解惑與經驗分享。尤其要感謝 Giuseppe Verni，他不只看完了所有的稿子，還提供了許多寶貴的建議。

這本書的書名《D3 for the Impatient》致敬了 Paul W. Abrahams 和 Bruce R. Larson（Addison-Wesley Professional） 所著的《Unix for the Impatient》（Addison-Wesley Professional）。

第一章

簡介

D3.js（簡稱 D3，也就是 Data-Driven Documents 的縮寫）是一套用來操作 Document Object Model（DOM）樹狀資料，使其可以透過視覺化來表現資訊內容的 JavaScript 函式庫，它已然成為在網頁上將資料視覺化的業界標準了。

儘管 D3 很受歡迎，卻有著學習曲線陡峭的壞名聲。我不認為這是因為 D3 太過複雜（它的確不是），甚至不是因為它有非常大量的 API（它是有很多 API，但這些 API 有很好的結構與設計）。對於新手而言，我覺得許多不好的經驗是因為一些**不正確的假設**所造成的。因為 D3 經常被用於建立一些令人印象深刻的圖表，所以很容易地，甚至是自然而然被認為是一個「圖形函式庫」，它的能力是有助於處理圖形元件以及提供高階通用繪圖型態的支援。以此種期待來研究 D3，對於新手而言，會被許多冗贅的必要設定，例如元件的顏色這麼基礎的工作而感到不快，到底這是啥玩意兒？為什麼不能就簡單的提供像畫布這樣的元件，然後就在上面完成繪圖呢？

此種誤解肇因於 D3 並**不是**一個圖形函式庫：事實上它是一個用來操作 DOM 樹的 JavaScript 函式庫！它的基本建構方塊並不是圓和矩形，而是節點（node）和 DOM 元素（element）：而且它的典型作業中並不包含把圖形畫在畫布上，而是透過屬性（attribute）建立元素的樣式。「目前的位置」並不是透過畫布上的 xy 座標，而是透過在 DOM 樹中節點的選擇。

從前述的觀察讓我相信，對於許多新手的第二個主要的挑戰是：D3 是一個網頁技術，而且是建立在其他網頁技術集合上；DOM API 和事件模型（event model）、CSS（Cascading Style Sheet）選擇器（selector）和屬性項（property），JavaScript 物件模型（object model），當然還包括 SVG（Scalable Vector Graphics）。在許多的例子中，D3 提供相對輕巧的層以環繞這些技術，而且它自己的設計頻繁地反應了底層的 API。這樣的組合產生了一個大型的而且有那麼一些異質的環境。如果你已經熟悉現代網頁技術 HTML5 的所有技術端，那麼你很快就能上手，但如果你還不熟悉它們，那麼如果缺乏一個獨特的一致化抽象層，可能會變得非常令人迷惑。

所幸，你不需要深入研讀所有這些相依的底層技術：D3 已經將它們變得很易用，而且在其上提供相當程度的一致化和抽象化。無疑地，唯一一個還不足以即興發揮的區塊是 SVG。你必須要對於 SVG 有相當程度的理解，不僅僅是它的表現元素，還包括那些用來控制在圖形中如何組織資訊的結構化元素。我試著把這些必需的資訊整理在一起放在附錄 B。如果你並不是那麼熟悉 SVG，筆者建議你在開始學習本書接下來的內容之前，先閱讀附錄的部份，這將會對你很有幫助！

誰適合這本書？

本書的潛在讀者是那些想要在自己的工具箱中加入 D3 的程式設計師和科學家們。我假設你是一個具有還不錯的專業能力之程式設計師，也對於資料和繪圖的處理都還算上手，於此同時，我只期待你對於現代化專業級網頁開發有些粗略的瞭解。

閱讀本書所需要具備的知識和技能列示如下：

- 至少要有一種以上的程式語言知識（但不一定要是 JavaScript），而且有自信可以從程式語言參考資料中找出相關的語法。
- 熟悉現代化的程式設計概念，也就是，不單單只是迴圈、條件式、以及一般的資料結構，還包括閉包（closure）以及高階函式（higher-order functions）。
- 對於 XML 以及它施加在文件上的階層結構有基本的瞭解。我假設讀者們知道 DOM 以及它是如何把網頁中的元素當作是樹狀結構中節點的操作方式，但是我並不預期讀者會熟悉原始的 DOM API 或是任何一種現代化的取代機制（像是 jQuery）。
- 會使用簡單的 HTML 和 CSS（你應該可以識別以及使用 `<body>` 以及 `<p>` 標籤等等），以及對於 CSS 語法和它的機制有一些熟悉。

特別是，在我心中最重視的是那些*急迫*想學會使用的讀者們：具備足夠的專業知能，但是卻在之前試著去學習 D3 而遇到挫折的人。如果你就是我說的這種人，那麼本書就是為你所寫的！

為什麼是 D3

為什麼 D3 會被程式設計師和科學家們，或是任何那些不是網頁開發員的人們感到興趣？以下列出了一些理由：

- D3 提供一個在網頁上傳遞圖形的簡便作法。如果你的工作是處理資料和視覺化，你一定懂，你得在繪製圖表的程式中建立一些圖形，然後把它們儲存成 PNG 或是 PDF，之後再建立一個網頁，使用 `<img>` 這個標籤連結以讓其他人可以看到你的成果。如果可以把這些建立和發佈圖形的作業合併成一個步驟，不是很好嗎？

- 更重要的是，D3 讓建立*動態*和*具互動能力*的圖形變得簡單且方便。此點不能被過分地強調：如同其他領域，科學的視覺化可以從動態以及互動性得到許多好處，但是這樣的想法在過去是非常難以達成的。它常常需要一些複雜且不太好用的技術（你試過 Xlib 嗎？）或是一些客製化但是非常昂貴的商用套裝軟體。D3 讓你把這些挑戰拋諸腦後，讓你現在就可以運用在你所需的視覺化上。

- 先不看圖形的部份，D3 是一個易學易用的通用 DOM 操作框架。如果你偶爾需要操作 DOM，不用精通網頁設計中其他框架和 API，D3 就應該可以滿足你的需求，它本身的設計也讓它成為具備許多功能、提供可以立即使用在一般資料處理和視覺化工作上的函式庫。

但更重要的是，我相信 D3 已成為一種*促成技術*，相當程度地加廣了使用者解決方案的範圍。D3 最有趣的應用可能正在等待著某人把它開發出來。

本書包含的內容

本書試著成為能夠*精簡*但*完整*地介紹 D3 的書籍，並試圖涵蓋大部份的功能，且提供足夠深入的內容。

- 本書試著成為一個方便的*一站式*資源，包括一般讀者比較不是那麼熟悉的輔助主題之 API 參考文件以及所需要的背景資訊（像是 SVG、JavaScript、以及 DOM，還有色彩空間或是 HTML Canvas 元素）。

- 本書強調**機制**（*mechanism*）以及**設計概念**甚於一些馬上可用的菜單指南。這個假設是基於讀者將會想要學習 D3 使其可以自行加以運用在，也許是一些新奇以及想像不到的範疇上。

基本上，我希望本書可以讓你對於運用 D3 在任何你想得到的地方做好準備！

…有哪些是不包含在本書裡面的

本書原本的想法就是僅僅聚焦在 D3，包括它的能力以及機制。這表示有一些地方是不包含在本書裡面的：

- 沒有深入的案例研究或是食譜式的操作菜單。
- 不會介紹資料分析、統計學、或是視覺設計。
- 不會提到 D3 以外的 JavaScript 程式框架。
- 不會討論一般的現代化網頁設計。

最後我需要強調兩點。本書只限制在 D3，不會有任何其他 JavaScript 程式框架或是函式庫的相關參考。這其實是故意的：我想要 D3 可以讓那些對於 JavaScript 豐富但異質的生態系不熟悉或是不適應的人們也有機會上手使用。基於相同的理由，本書不會討論對於現代化網頁設計的其他主題。尤其是，你將會發現沒有對於**瀏覽器相容性**以及相關主題的任何討論。在此假設你使用的是一個現代的、最新的、可以執行 JavaScript 以渲染繪製 SVG 的瀏覽器[1]。

關於 D3 在圖形以及地理空間資訊的支援是另外一個被忽略的內容。儘管它很重要，但是這個主題看起來具有足夠的內容，讓我們應該不難直接透過 D3 的參考說明文件（*https://github.com/d3/d3/blob/master/API.md*）進行學習，文件內容的基本說明就非常清楚了。

如何閱讀本書

本書以系統化逐章加入新材料的方式，連續且漸進式地解說。也就是說，後面的一些特定的章節內容可以在具有本書前半的學習內容基礎之後，以任意順序的方式閱讀。以下是我所建議的閱讀順序：

1　這是 D3 的靈魂所在。就如同 D3 的網站所說的：「D3 不是一個相容的層，所以如果你的瀏覽器不支援這些標準，那就太可惜了」（*https://github.com/d3/d3/wiki*）。

1. 除非你已經對於 SVG 有相當的認識，不然我強烈建議你先去閱讀附錄 B。沒有這些知識，後面的內容就比較不會那麼有感覺。

2. 請把每位讀者都需要閱讀的第 2 章作為暖身用的教學內容，並設定接下來想要討論的主題的想法與期待。

3. 第 3 章為必讀。Selection（選取）是 D3 中主要的組織概念。不僅僅是在 DOM 樹狀結構上進行選取，可以表示在 DOM 樹狀結構上的一個把手（handle），而且它們也可以用來管理 DOM 元素和資料集之間的關係。幾乎每一支 D3 程式都是以執行 selection 選取作為開始，因此瞭解如何使用它們以及知道它的能力是在使用 D3 時非常必要的。

4. 嚴格來說，第 4 章在事件處理、互動性、以及動畫的部份是可以暫時略過。但因為這裡面包含了 D3 最吸引人的功能，如果把它們忽略掉就太可惜了。

5. 第 5 章很重要，因為本章解說了一些 D3 設計概念的基礎（例如元件 component 和佈局 layout），以及介紹一些實用技巧（像是 SVG 轉換 transformation 和自訂元件）。

6. 其他的章節可以在你對於特定的主題感興趣時閱讀。筆者會特別建議你花點時間看看第 7 章，它對於那些不明顯但是卻極端多變的 scale object 有詳細的說明；還有第 10 章，在用來處理陣列的各種函式上。

編排慣例

本節說明本書所使用到的一些特別的編排慣例。

D3 API 的編排慣例

D3 API 使用一致性的慣例以大幅地提升它的易用性。其中有些是 JavaScript 中常用的習慣，而 D3 所特有的，但對於不是 JavaScript 的程式設計人員來說，也許會覺得不是那麼的熟悉。透過在此明確地聲明，在接下來的內容中就可以不需要再花不必要的篇幅贅述。

- D3 主要是一個用來存取 DOM 樹狀結構的層。通常，D3 並不會嘗試去封裝任何底層的技術，而是提供一個便利且通用的方式進行存取。例如，D3 自己並不會引入「circle」或是「rectangle」的抽象介面，而是提供程式設計人員直接存取 SVG 功能用來建立圖形。這種方式的優點是，D3 就可以有極大的適應性，而不會被綁在任何一個技術或版本中；缺點則是程式設計人員在利用 D3 之前需要具備一些必要的技術知識，因為 D3 本身並未提供完整的抽象層。

- 因為 JavaScript 並不強制正規的函式宣告，所有函式的引數都是可以選用的。很多 D3 函式使用這樣的慣例：當以正確的引數呼叫，這些函式就會當作是**設定者**（*setter*），（設定提供的值給相對應的屬性），當呼叫函式時卻**沒有**提供引數，則這些函式就會做為**取得者**（*getter*），（返回屬性目前的值）。如果要完全地移除一個屬性，只要在呼叫適當的 setter 時提供 `null` 作為引數即可。

- 當作為 setter 呼叫時，函式通常會傳回一個對於目前物件的參考，如此會啟用方法鏈（method chaining，此種慣例是如此的直覺且具一致性，因此它將不會被再次地明確提及）。

- 除了值之外，許多 D3 setter 可以把一個**存取器函式**（*accessor function*）當做是引數，它被期待會傳回一個值，而此值就會被使用在設定屬性上。這些被存取器函式所期待的參數並不會跨越所有的 D3，而是一部份相關的 D3 函式，將會使用一致性的方式呼叫存取器函式。存取器引數的細節可以在相關的 D3 函式中找到說明文件。

- 有一些重要的 D3 功能被以**函式物件**實作。當被以一個函式呼叫時，它們會執行主要的工作，但是它們仍然是物件，包含有成員函式以及內部的狀態（*scale object* 即為此例，請參考第 7 章；或是**產生器**（*generator*）和**元件**（*component*），請參考第 5 章）。實體化物件一般的作法是，使用它的成員函式組態物件，最後呼叫它以完成它的目標。最常見的是，最終的呼叫並不會使用明顯的函式呼叫語法，而是透過 JavaScript 的其中一個方式：「合成式（synthetic）」函式呼叫：函式物件被傳遞到另外一個函式（如 `call()`），它提供了必需的引數，最後由函式物件本身去執行。

API Reference Table 的編排慣例

本書在展示 D3 API 部份的表格會以參考格式來呈現。在這些表格中的項目會依相關性來排序，以讓相關的函式可以放在一起。

- D3 函式不是被全域的 `d3` 物件呼叫，就是作為一些 D3 物件的成員函式；一些函式則可以同時使用這兩種方式。如果一個函式被使用物件呼叫，這個物件會被當作是方法呼叫的**接收者**。在成員函式中，此接收者是一個透過 `this` 變數所指向的物件。

- 所有 API 參考表會在標題上指示這個接收者的型態。這些表格不會明確地指向物件的原型宣告。

- 函式簽名（function signature）嘗試去指示每一個引數的型態，但許多函式接受相當廣泛的各種不同的引數型態，實際上沒有明確的表示方式。請閱讀文字上的說明以取得完整的訊息。在它們被使用時，括號表示一個陣列。額外的函式引數並不會明確地指出來。

範例程式碼的編排慣例

程式碼範例的目的是為了展示 D3 的特色以及機制。為了讓它們的特點可以更加地清楚，這些範例被去蕪存菁到最基本的樣子。我除去了大部份的「細節」，像是美觀的色彩或是意義上更有趣的資料集。顏色都是基本的，大部份的資料集也都是小且簡單的。

此外，每一個範例本身就是完整的、可以被執行並建立相關的圖形。除了少數的例外，我不會只顯示程式碼片段。我發現比較好的方式是把簡單的範例完整地呈現出來，而不是僅僅只是展示出在很長的程式範例中一些有趣的部份；此種方式可以讓讀者不會在文字內容中出現迷失的風險。所有的東西都是可以執行，而且準備好可以被依照需求加以延伸或美化。

命名慣例

範例程式中使用了以下的變數命名慣例：

- 個別物件的第一個字母用來表示型態的縮寫：例如 `c` 表示「circle」，`p` 則是 point 等等。如果是集合的話，就要多加上一個「s」：例如 `cs` 表示 circle 的陣列，`ps` 則是 point 的陣列。

- 經常出現的數量有它們自己的符號：pixels（像素）標示成 `px`，scale 物件則是 `sc`。產生器（generator）和元件（component）是函式物件，它們會「做（make）」一些事，因此就把它命名為 `mkr`。

- 字母 `d` 通常被用在匿名函式（anonymous function）指示「目前的對象」上。當使用在 D3 selection 時，`d` 通常是被綁定到一個 DOM 元素上的一個資料點；當使用在陣列上時，`d` 則是用來表示陣列元素（使用 `ds.map( d => +d )` 此種方式）。

- 資料集會被命名為 data 或 ds。
- selection 常被用於表示 <svg> 或是 <g> 元素，當被指定到一個變數時，通常會被命名為 svg 或 g。

原始程式檔案的組織方式

從第 3 章開始，我的每一個程式碼列表會依循同一個慣例，頁面會假設已經包含了一個具有唯一 id，並已經正確設定了 width 和 height 屬性的 <svg> 元素。範例程式碼接著透過它的 id 屬性選取這個 SVG 元素，並且一定會把這個 selection 設定到一個變數中以便後續的參考使用：

```
var svg = d3.select( "#fig" );
```

如此避免了使用更一般化的選擇器所造成的不確定性（例如 d3.select("svg")），並使得它比較容易在單一個 HTML 頁面中包含許多範例。

每一個圖形都對應一個建立 SVG 元素的 JavaScript 函式動態地建立出其圖表。習慣上，這個函式的名稱以 make... 開頭，接著是目標 SVG 元素的 id 屬性之值。

除了第 2 章的例子之外，每一章都有一個 HTML 頁面以及一個 JavaScript 檔案（在少數的例外中，我並沒有直接在 HTML 頁面中包含 JavaScript 程式碼）。

平台、JavaScript、和瀏覽器

為了要能夠執行本書的範例，你需要執行一個本地端或是主機端的網頁伺服器（請參考附錄 A）。這些範例應該可以在任何一個現今具備 JavaScript 執行能力的瀏覽器上執行。JavaScript 目前存在有許多的版本[2]。除了三個例外，這些程式碼範例只使用「典型」的 JavaScript（ES5，在 2009/2011 年間的發行版本），而沒有運用到任何其他的框架或是函式庫。這三個需要較新版本 JavaScript（2015 年釋出的 ES6）的功能為：

- 匿名函式的簡明粗箭頭符號（請參考附錄 C）會被使用在一些範例中。
- 解構賦值運算（[a, b] = [b, a]）會被使用在一些地方。
- 一些範例會使用到 Fetch API 的 D3 包裝器（請參考第 6 章）以存取到遠端的資源；這個功能依賴了 JavaScript Promise 物件。

---

2 請參考：*https://en.wikipedia.org/wiki/ECMAScript*。

第二章

讓我們準備好開始繪圖

現在就開始透過範例的練習來體驗 D3 的能力，並讓你立即開啟利用它來解決真實世界問題的能力，只要修改這些範例即可。本章的前兩個範例將會示範如何從資料檔案中完成在座標軸上建立**散佈圖**以及 **xy 座標圖**。雖然畫出來的圖並不是很完美，但是它已具有齊全的功能，而且應該能夠容易把這個概念套用到其他的資料集，以展現出不同的外觀。第三個例子比較沒那麼完整。大致來說，它用來傳達一個訊息，讓你瞭解到在文件中可以如何輕易地包含事件處理以及動畫。

第一個範例：一個單一資料集

為了開始我們探索 D3 的旅程，先來看看如範例 2-1 所示的一個小巧、但卻很直覺的資料集。使用 D3 來繪製這個簡單的資料集就足以讓我們觸及到許多重要的概念。

範例 *2-1* 一個簡單的資料集（*examples-simple.tsv*）

```
x    y
100  50
200  100
300  150
400  200
500  250
```

正如在第 1 章中所指出的，D3 是藉由操作 DOM 樹，以視覺化方式呈現資訊的 JavaScript 函式庫，這表示任何一個 D3 圖形最少會有 *2* 或 *3* 個變動的部份：

- 一個 HTML 檔案或文件（document），包含一個 DOM 樹結構
- 一個 JavaScript 檔案或腳本，用來定義操作 DOM 樹的指令
- 通常，還會有一個檔案或是其他的資源，用來儲放資料集

如範例 2-2 所示的是一個完整的 HTML 檔案。

範例 *2-2* 一個用來定義 *SVG* 元素的 *HTML* 網頁

```
<!DOCTYPE html>
<html>
<head>
  <meta charset="utf-8">
  <script src="d3.js"></script>                                ❶
  <script src="examples-demo1.js"></script>                    ❷
</head>

<body onload="makeDemo1()">                                    ❸
  <svg id="demo1" width="600" height="300"
       style="background: lightgrey" />                        ❹
</body>
</html>
```

沒錯，這個 HTML 檔案基本上是空的！所有的動作都發生在 JavaScript 中。讓我們很快地看一遍在這個文件檔案裡面所發生的事：

❶ 首先，這個文件會載入 D3 函式庫 *d3.js*。

❷ 然後，這個文件載入了自己的 JavaScript 檔案，這個檔案包含了所有用來定義我們準備的圖形之全部指令。

❸ `<body>` 標籤定義了一個 `onload` 事件處理器（event handler），當 `<body>` 元素被完整地載入到瀏覽器之後就會觸發它。`makeDemo1()` 事件處理函式被定義在 JavaScript 檔案 *examples-demos1.js* 中[1]。

1 透過 `onload` 標籤定義事件處理器有時候是不被接受的，因為此種方式會把 JavaScript 程式碼嵌在 HTML 中。請參考附錄 A 和 C，那裡有一些現代的作法。

❹ 最後，這份文件包含了一個 600×300 像素大小的 SVG 元素。這個 SVG 元素有一個淺灰色的背景讓我們能夠看到它，但是其他的部份都是空的。

在第 3 點和最後的部份是 JavaScript 檔案，如範例 2-3 所示。

範例 *2-3* 圖 *2-1* 所使用的命令

```
function makeDemo1() {                                          ❶
    d3.tsv( "examples-simple.tsv" )                             ❷
        .then( function( data ) {                               ❸ ❹
            d3.select( "svg" )                                  ❺
                .selectAll( "circle" )                          ❻
                .data( data )                                   ❼
                .enter()                                        ❽
                .append( "circle" )                             ❾
                .attr( "r", 5 ).attr( "fill", "red" )           ❿
                .attr( "cx", function(d) { return d["x"] } )    ⓫
                .attr( "cy", function(d) { return d["y"] } );
        } );
}
```

如果你把這三個檔案（資料檔、HTML 網頁、和 JavaScript 檔案）和函式庫檔案 *d3.js* 放在同一個資料夾中，然後利用瀏覽器載入，則此瀏覽器就會渲染出和圖 2-1[2] 一樣的圖形。

接下來還是讓我們來看一下 JavaScript 中的每一個命令做了哪些事：

❶ 此腳本只定義了一個函式：`makeDemo1()` 回呼函式（callback），它會在 HTML 網頁完整載入之後被呼叫執行。

❷ 這個函式載入「或稱為提取（fetch）」資料檔案，使用的是 `tsv()` 函式。D3 定義了幾個函式讀取使用分隔字元建立的文字檔案格式。`tsv()` 函式是用來讀取以定位鍵分隔資料值的檔案。

❸ `tsv()` 函式，就像是其他所有在 JavaScript Fetch API 中的函式一樣，傳回一個 JavaScript `Promise` 物件。`Promise` 是一個打包了回傳集合和一個回呼函式（callback function）的物件，它會在回傳資料已經準備好且可以被處理時呼叫回呼函式。`Promise` 物件提供了 `then()` 函式用來註冊被呼叫的回呼函式（我們會在「JavaScript Promises」補充說明中詳細說明關於 JavaScript 的 promise）。

2 當你使用瀏覽器開啟本地目錄時應該可以載入網頁以及相關的 JavaScript 檔案。然而瀏覽器可能會拒絕你使用此種方式載入資料檔案，因此，為了使用 D3 通常需要執行一個網頁伺服器。在附錄 A 中有對於此種處理方式的一些建議。

❹ 當檔案被載入時，回呼函式會被以匿名函式的方式呼叫，並且把從資料檔案接收到的內容做為引數。`tsv()` 函式會傳回以定位鍵分隔的資料內容，並把它以 JavaScript 物件陣列的型式回傳。檔案中的每一列均為一個物件，這些物件均包含有被定義在檔案開頭首列的屬性名稱。

❺ 在此選擇 `<svg>` 元素作為在 DOM 樹中包含圖形的地方。`select()` 函式和 `selectAll()` 函式接收 CSS 的選擇器字串（請參考第 3 章的補充說明「CSS 選擇器」）並傳回匹配的節點：`select()` 只會傳回第一個匹配的，而 `selectAll()` 即會傳回所有匹配的節點。

❻ 接下來，選擇*所有*在 SVG 節點中的 `<circle>` 元素。這也許看起來有一些不合邏輯，因為在 SVG 中並沒有任何 `<circle>` 元素。不過，`selectAll("circle")` 會簡單地傳回一個*空的* collection（之於 `<circle>` 元素的），因此這並不會產生什麼問題。此種看起來奇怪的方式呼叫 `selectAll()` 滿足了一個重要的功能，藉此建立一個*預留的空位置*（也就是空的 collection），而這個位置我們將會在之後把它填入內容。這是 D3 在使用新元素以建立圖形時常用的方式。

❼ 接著，藉由呼叫 `data(data)` 把 `<circle>` 元素的 collection 和資料集結合在一起。瞭解兩個 collection（一個是 DOM，另外一個則是資料點）彼此並不是以 collection 的方式聯結在一起是非常重要的。取而代之的，D3 試著在 DOM 元素和資料點之間建立一個一對一的對應：*每一個資料點代表經由一個分別的 DOM 元素*，它會從這些資料點的資訊輪流取得它的屬性（例如它的位置、顏色、以及外觀）。事實上，這是 D3 一個重要的基本功能，用來建立以及管理在個別的資料點和他們所結合的 DOM 元素之間一對一的對應關係（我們將會在第 3 章中更詳細地探討這個程序）。

❽ `data()` 函式會回傳已經結合到個別資料點的元素 collection。在目前的情況中，因為還沒有任何的 circle 元素，所以 D3 無法把每一個資料點結合到 `<circle>` 元素。因此，回傳的 collection 是空的。然而，D3 也提供 `enter()` 函式用來存取所有沒被對應到 DOM 元素的剩餘資料點，剩下的指令將會被這個「剩餘」的 collection 中每一個元素呼叫。

❾ 首先，一個 `<circle>` 元素被附加到在 SVG 內部的 `<circle>` 元素 collection 中，這個 SVG 是在第 6 行中被選取到的。

❿ 設定一些固定的（也就是，不是資料相依的）屬性以及樣式：它的半徑（屬性 `r`）以及填滿的顏色。

⓫ 最後，基於結合的資料點之屬性值設定了每一個圓形的位置。每一個 `<circle>` 元素的 `cx` 和 `cy` 屬性依照在資料檔案中的項目來設定：不使用提供固定值的方式，在這裡我提供的是**存取器函式**（*accessor function*），給它一個在資料檔中的項目（也就是，一列的紀錄），會傳回那個資料點的相對應值。

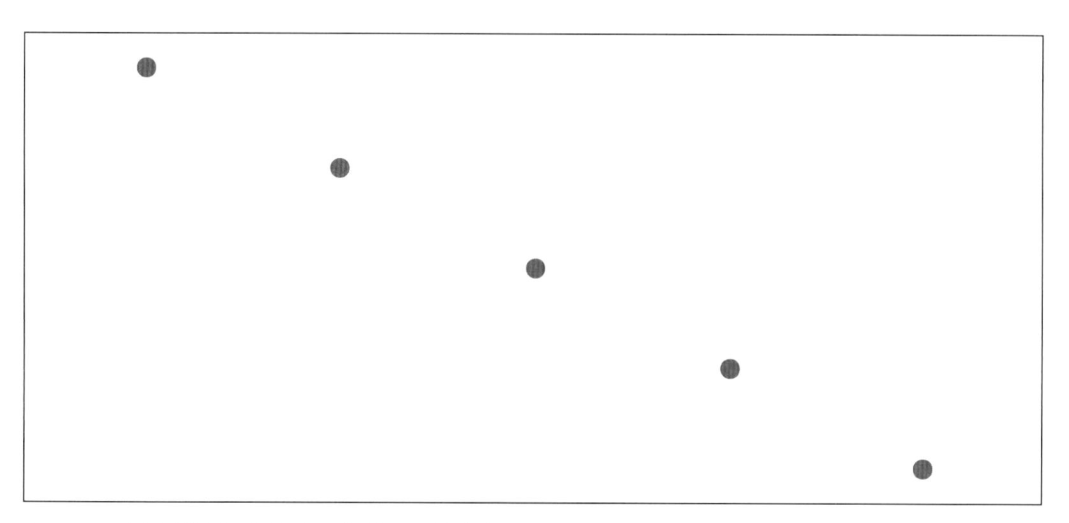

圖 2-1 一個簡單資料集所繪出的圖形（請參考範例 2-3）

說實在的，要畫出這麼簡單的圖形居然需要這麼多麻煩的作業。很顯然地在此也就可以很清楚地看出了：D3 並不是一個圖形函式庫，更不是一個繪圖的工具，而是一個用來操作 DOM 樹的函式庫，讓它可以把其中的資訊進行視覺化的作業。你將會發現自己好像總是在操作 DOM 樹的某些部份（透過 selection）。你也將會注意到 D3 並不會節省你的打字數，它需要使用者去操作屬性值和一步步去編寫存取的函式。同時，我認為可以公平地說，這些程式碼雖然冗長，但卻是乾淨且相當直接的。

如果你實際練習了這些例子，可能會遇到一些意料之外的細節。例如，`tsv()` 函式很挑剔：欄**必須**以定位符號作為區隔，空白**不能**被忽略，**必須**要有標題列等等。最後，仔細觀察資料集和圖形，你應該會注意到這張圖並不正確一它是上下顛倒的！這是因為 SVG 使用的「圖形座標」如平常一樣水平軸是從左到右，但是垂直軸卻是由上而下。

在有了一開始的印象之後，就讓我們持續往下進行針對第二個例子的探索。

第二個範例：使用兩個資料集

在第二個範例中，我們將使用範例 2-4 中的資料集。它乍看之下和前一個例子一樣沒什麼差別，但是仔細檢查之後，發現它有點難度。這個檔案不僅包含兩個資料集（欄位 y1 和 y2），而且它的數字範圍也需要額外的留意。在前一個例子中，資料值可以直接作為座標，但是在新資料集中的值卻需要加以縮放，才能把它們轉換成有意義的螢幕座標。在此不得不多做一些工作。

範例 *2-4* 一個更複雜的資料集（*examples-multiple.tsv*）

```
x       y1      y2
1.0     0.001   0.63
3.0     0.003   0.84
4.0     0.024   0.56
4.5     0.054   0.22
4.6     0.062   0.15
5.0     0.100   0.08
6.0     0.176   0.20
8.0     0.198   0.71
9.0     0.199   0.65
```

繪製符號和線條

我們使用的頁面基本上和之前的例子（範例 2-2）是相同的，除了以下這行：

```
<script src="examples-demo1.js"></script>
```

它必須被以下這行取代：

```
<script src="examples-demo2.js"></script>
```

參考我們的新腳本，接著在 onload 事件處理器中要給一個新的函式名稱：

```
<body onload="makeDemo2()">
```

此腳本可以在範例 2-5 中看到，執行後產生的圖形如圖 2-2 所示。

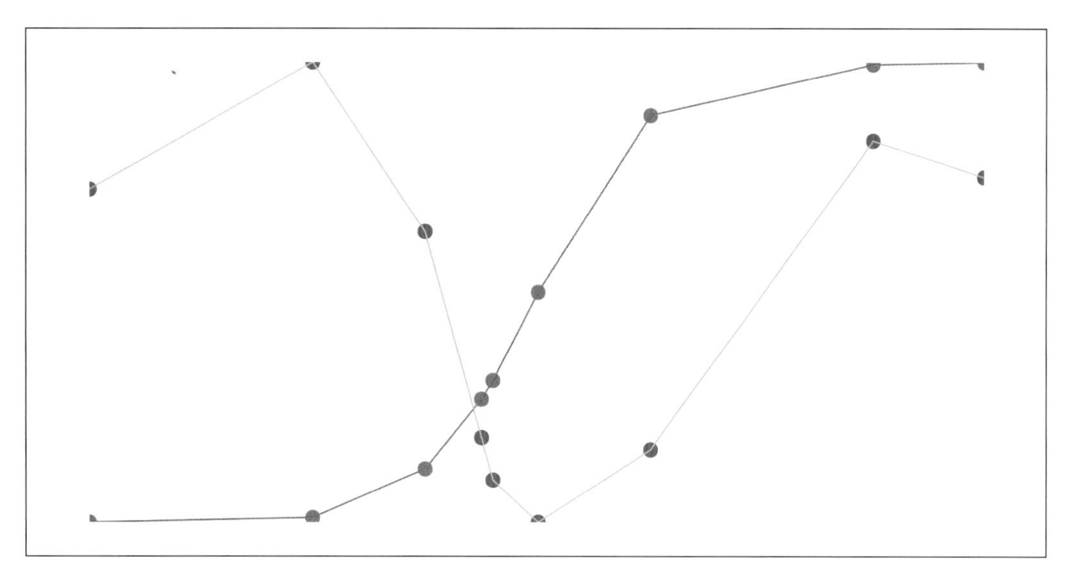

圖 2-2 在範例 2-4 中的資料集所繪製出的基本圖形（請參考範例 2-5）

範例 *2-5* 圖 *2-2* 所使用的程式指令

```
function makeDemo2() {
    d3.tsv( "examples-multiple.tsv" )
        .then( function( data ) {
            var pxX = 600, pxY = 300;                          ❶

            var scX = d3.scaleLinear()                          ❷
                .domain( d3.extent(data, d => d["x"] ) )        ❸
                .range( [0, pxX] );
            var scY1 = d3.scaleLinear()                         ❹
                .domain(d3.extent(data, d => d["y1"] ) )
                .range( [pxY, 0] );                             ❺
            var scY2 = d3.scaleLinear()
                .domain( d3.extent(data, d => d["y2"] ) )
                .range( [pxY, 0] );

            d3.select( "svg" )                                  ❻
                .append( "g" ).attr( "id", "ds1" )              ❼
                .selectAll( "circle" )                          ❽
                .data(data).enter().append("circle")
                .attr( "r", 5 ).attr( "fill", "green" )         ❾
                .attr( "cx", d => scX(d["x"]) )                 ❿
                .attr( "cy", d => scY1(d["y1"]) );              ⓫

            d3.select( "svg" )                                  ⓬
```

範例 2-5 圖 2-2 所使用的程式指令（續）

```
                .append( "g" ).attr( "id", "ds2" )
                .attr( "fill", "blue" )                        ⓭
                .selectAll( "circle" )                         ⓮
                .data(data).enter().append("circle")
                .attr( "r", 5 )
                .attr( "cx", d => scX(d["x"]) )
                .attr( "cy", d => scY2(d["y2"]) );             ⓯

            var lineMaker = d3.line()                          ⓰
                .x( d => scX( d["x"] ) )                       ⓱
                .y( d => scY1( d["y1"] ) );

            d3.select( "#ds1" )                                ⓲
                .append( "path" )                              ⓳
                .attr( "fill", "none" ).attr( "stroke", "red" )
                .attr( "d", lineMaker(data) );                 ⓴

            lineMaker.y( d => scY2( d["y2"] ) );               ㉑

            d3.select( "#ds2" )                                ㉒
                .append( "path" )
                .attr( "fill", "none" ).attr( "stroke", "cyan" )
                .attr( "d", lineMaker(data) );

//          d3.select( "#ds2" ).attr( "fill", "red" );         ㉓
        } );
}
```

❶ 為了後面程式的使用參考，在此把欲嵌入之 SVG 區域的尺寸大小設定給變數（用 `px` 表示像素）。當然，也可以把尺寸的設定放到 HTML 文件的範圍外，讓 JavaScript 來進行設置（你可以試試看）。

❷ D3 提供將輸入**領域**（input *domain*）映射到輸出**範圍**（output *range*）的**縮放物件**（*scale object*）。在此，我們將使用線性縮放方法從資料值的原始領域映射到圖形的像素範圍，但是此函式庫也包括了對數和指數縮放，甚至包括可以將數值範圍對應到 false-color 或是「heatmap」圖形的映射縮放物件（請參考第 7 章和第 8 章）。縮放是函式物件：以數值為參數呼叫它們，它會傳回按方法縮放之後的值。

❸ domain 和 range 都被指定作為兩個元素的陣列。`d3.extent()` 函式是一個好用的函式，它接受一個物件的陣列，然後傳回雙元素陣列型式的最大值和最小值（請參閱第 10 章）。為了從輸入陣列中的物件取得想要的值，我們必須提供一個存取器函式（accessor function）（類似於我們在前一個例子中最後一個步驟中所做的）。為了

節省一些打字的工作，在此（以及之後大部份的情況）使用 JavaScript 的箭頭函式（或叫做「fat arrow 標記」，請參閱附錄 C）。

❹ 因為在資料集裡的這三個欄位值均有不同的範圍，因此需要三個縮放物件，每一個欄位都需要 1 個。

❺ 對於垂直軸，我們反轉縮放物件定義的輸出範圍，以矯正 SVG 座標系統中倒置的方向。

❻ 選擇 <svg> 元素以添加第一個資料集所需要的符號。

❼ 這是新的：在加入任何一個圖形元素之前，我們附加一個 <g> 元素，並給它一個唯一的識別碼。最後的元素看起來像下面這樣：

```
<g id="ds1">...</g>
```

這個 <g> 元素提供了一個邏輯分組。它將使我們能夠引用第一個資料集的所有符號，並將它們和第二個資料集的符號區分開來（請參閱附錄 B 以及第 5 章的補充說明：「<g> 元素是你的好朋友」）

❽ 和前面一樣，我們使用 selectAll("circles") 建立一個空的預留位置集合。<circle> 元素將會被建立，並作為剛剛加入的 <g> 元素的子項目。

❾ 固定的樣式被直接套用到每一個 <circle> 元素。

❿ 存取器函式在水平軸中選取所需的欄位資料。請留意在它傳回資料之前，縮放運算子是如何套用到資料上的。

⓫ 存取器函式挑選第一個資料集另一個欄位，再次正確地縮放。

⓬ 類似的程序被再次地使用於為第二個資料集中添加元素－但是請留意其中的差異！

⓭ 對於第二個資料集，填滿顏色被指定作為 <g> 元素的 fill 屬性；這個外觀設定將會被它的子項目所繼承。定義父項目的外觀讓我們可以在稍後一併改變所有子項目看起來的樣子。

⓮ 再一次，一個空的集合被建立出來用於操作新加入的 <circle> 元素。在此處的 <g> 父元素不僅僅只是使用上的便利：如果我們此時在 <svg> 元素上呼叫 seleectAll ("circle")，將不會得到一個空的集合，而是收到一個來自於第一個資料集中的 <circle> 元素。替代添加新的元素，我們將修改既有的元素，用第二個資料集覆蓋

第一個。<g> 元素讓我們能夠清楚地區分元素與資料集的映射（第 3 章會系統性地解說 D3 Selection 抽象化，屆時會更加地清晰）。

⓯ 存取器函式現在為第二個資料集選擇適當的欄位資料。

⓰ 為了清楚地區分兩個資料集，我們想要將屬於每一個資料集的符號使用直線連接。直線比符號複雜，因為每一條線（線段）依賴於兩個連續的資料點。D3 在這裡幫助我們：d3.line() 工廠函式（factory function）傳回一個函式物件，此物件給它一個資料集後，會產生一個適合於 SVG <path> 元素的 d 屬性之字串（請參閱附錄 B 以學習關於 <path> 元素和它的語法）。

⓱ 線條產生器（line generator）需要存取器函式為每一個資料點挑選出水平和垂直座標。

⓲ 依照它的 id 屬性名稱選取第一個資料集之 <g> 元素。ID 選擇器字串是由「#」標記和接下來的屬性名稱所組成。

⓳ <path> 元素被加到第一個資料集的 <g> 群組之子項目中…

⓴ …它的 d 屬性藉由呼叫在資料集上的 line 產生器來設定。

㉑ 取代從頭開始創建一個新的線條產生器，我們藉由指定一個新的存取器函式重用一個已經存在的線條產生器，這次是使用在第二個資料集。

㉒ 第 2 個資料集的 <path> 元素被添加到 SVG 樹中正確的位置並加入到結構中。

㉓ 由於第 2 個資料集符號的填充樣式是定義在父元素（而不是在個別的 <circle> 元素本身），因此它就可以透過單一的操作去更改。取消這行的註解會讓第二個資料集裡面所有的圓形變成紅色。只有外觀的選項繼承自父項目：所以，舉個例子，就沒有辦法使用此種方式改變所有圓的半徑，或者是把圓換成矩形，此類型的作業需要個別地操作到每一個元素。

此時，你可能開始對 D3 的運作方式有些感覺了。當然，這些操作很冗長，但大部份的感覺像是在做裝配的工作，你只要簡單地把預先製作好的元件組裝在一起即可。特別是方法鏈（method chaining）可以像是在 Unix 系統中的 pipeline 建構方法（就此而言，或是像在玩樂高積木一樣）。元件本身傾向於強調機制而不是策略：這使它們可以廣泛地重用在預期的用途，但是留給程式設計師或是設計者在創建具語意的圖形集更大的負擔。我想強調的最後一個面向是，D3 傾向於傳遞「late binding」的方式：例如，它習慣利用傳遞存取器函式作為引數，而不是要求在傳遞到渲染框架之前，先從原始資料集中擷取出適當的欄作為傳遞的內容。

使用可重用元件添加圖形元素

圖 2-2 是個空殼，它除了顯示出資料之外沒有其他的內容。具體來說，它並沒有呈現出比例——此點非常重要，因為兩個資料集的數值範圍有相當大的差異。如果沒有比例或是軸，就不可能從此圖形（或任何其他的圖形）中讀取到和數量相關的資訊。因此，我們需要為現有的圖形加上軸（axes）。

axes 是複雜的圖形元素，因為它們需要管理刻度和標籤。好在，D3 提供了一個軸工具，有了比例縮放物件（定義領域和範圍以及它們之間的對應），就會產生以及繪製所有需要的圖形元素。由於可視軸元件由許多個別的 SVG 元素（為了刻度記號和標籤）所組成，它應該總是在它自己的 `<g>` 容器中創建。被套用在這個父元素的樣式與轉換會被軸中的所有組件所繼承。這一點很重要，因為所有的軸最初都被定位在原點（左上角），而且必須使用 `transform` 屬性以移動到想要的位置上（在第 7 章中更詳細地解釋 axes）。

除了添加用於產生曲線的 axes 和 D3 的新功能外，範例 2-6 也示範了一個使用 D3 的另外一種方式。在範例 2-5 的程式碼非常直接，但是也很冗長且包含了大量重複的程式碼：例如，建立三個不同縮放比例的物件之程式碼幾乎相同。同樣地，用於建立符號和線的程式碼在第二個資料集中也幾乎是重複的。此種方式的優點是它的簡單性以及線性的邏輯流程，但代價是更多的程式碼。

在範例 2-6 中的冗餘程式碼比較少，因為重複的指令已經被提出來放到本地函式中。由於這些函式定義在 `makeDemo3()` 裡面，因此它們可以在這個範圍中存取這些變數，這有助於讓本地協助函式所需要的參數個數少一些。這個例子也引入了 *component*（元件）作為封裝的單元並重用它們，同時展示了「synthetic」函式呼叫。

範例 *2-6* 圖 *2-3* 的命令

```
function makeDemo3() {
    d3.tsv( "examples-multiple.tsv" )
        .then( function( data ) {
            var svg = d3.select( "svg" );                      ❶

            var pxX = svg.attr( "width" );                     ❷
            var pxY = svg.attr( "height" );

            var makeScale = function( accessor, range ) {      ❸
                return d3.scaleLinear()
                    .domain( d3.extent( data, accessor ) )
```

範例 *2-6* 圖 *2-3* 的命令（續）

```
        .range( range ).nice();
    }
    var scX  = makeScale( d => d["x"],  [0, pxX] );
    var scY1 = makeScale( d => d["y1"], [pxY, 0] );
    var scY2 = makeScale( d => d["y2"], [pxY, 0] );

    var drawData = function( g, accessor, curve ) {        ❹
        // draw circles
        g.selectAll( "circle" ).data(data).enter()
            .append("circle")
            .attr( "r", 5 )
            .attr( "cx", d => scX(d["x"]) )
            .attr( "cy", accessor );

        // draw lines
        var lnMkr = d3.line().curve( curve )                ❺
            .x( d=>scX(d["x"]) ).y( accessor );

        g.append( "path" ).attr( "fill", "none" )
            .attr( "d", lnMkr( data ) );
    }

    var g1 = svg.append( "g" );                             ❻
    var g2 = svg.append( "g" );

    drawData( g1, d => scY1(d["y1"]), d3.curveStep );      ❼
    drawData( g2, d => scY2(d["y2"]), d3.curveNatural );

    g1.selectAll( "circle" ).attr( "fill", "green" );      ❽
    g1.selectAll( "path" ).attr( "stroke", "cyan" );

    g2.selectAll( "circle" ).attr( "fill", "blue" );
    g2.selectAll( "path" ).attr( "stroke", "red" );

    var axMkr = d3.axisRight( scY1 );                       ❾
    axMkr( svg.append("g") );                               ❿

    axMkr = d3.axisLeft( scY2 );
    svg.append( "g" )
        .attr( "transform", "translate(" + pxX + ",0)" )   ⓫
        .call( axMkr );                                     ⓬

    svg.append( "g" ).call( d3.axisTop( scX ) )
        .attr( "transform", "translate(0,"+pxY+")" );      ⓭
} );
}
```

❶ 選擇要繪製的 `<svg>` 元素並將其指定給一個變數，使其可以在之後被使用而無需再次呼叫 `select()`。

❷ 接著，查詢 `<svg>` 元素的大小。許多 D3 函式可以像是 setter 以及 getter 的方式操作使用：如果提供了第二個參數，被指定名稱的屬性會被設定成指定的值，但如果沒有提供第二個參數，就會改為傳回目前指定名稱屬性的值。在這裡利用這個方式來取得 `<svg>` 元素的尺寸。

❸ `makeScale()` 函式就是一個便利的包裝器，用於減少 D3 函式呼叫的相對冗餘程度。我們在前面的列表（範例 2-5）中已經很熟悉 scale 物件了。scale 物件上的 `nice()` 函式延伸範圍到最接近的數值。

❹ `drawData()` 函式綁住了所有需要用來繪製單個資料集的所有命令：它同時建立了每個個別資料點的圓形以及連接它們的線條。`drawData()` 的第一個參數必須是 `Selection` 的執行實例（instance）；一般而言，`<g>` 元素作為表現單個資料集之所有圖形元素的容器。把 `Selection` 當作是它的第一個參數，然後將元素添加進去的函式就是所謂的**元件**（*component*），這是在 D3 中進行封裝與重用程式碼的重要機制。這是我們看到的第一個例子，在本範例稍後的軸功能則是另外一個例子（第 5 章有更詳細的說明）。

❺ 在範例 2-5 中就已經熟悉的 `d3.line()` factory，它可以接受一種演算法來定義要使用哪一種曲線連接連續的資料點，預設值是直線。D3 定義了許多其他的演算法—你也可以設計你自己的演算法（在第 5 章中會說明如何做到）。

❻ 建立兩個 `<g>` 容器元素，一個資料集一個。

❼ 提供一個容器元素以及一個存取器，以描述資料集和想要的曲線形狀來呼叫 `drawData()` 函式。為了展現可用的能力，我們使用不同的曲線來繪製兩個資料集：其中一個使用的是 step 函數，而另外一個則是 cubic 函數。`drawData()` 函式會新增必要的 `<circle>` 和 `<path>` 元素到 `<g>` 容器中。

❽ 對於每一個容器，選取想要的圖形元素以設定它們的顏色。雖然這樣做非常容易，但是選用這些顏色我們相當刻意地不讓它成為 `drawData()` 函式的一部份。這反映了一個常見的 D3 習慣：把建立 DOM 元素和配置它的外觀選項分開設計！

❾ 第一個資料集的軸被畫在圖的左側：請記住，預設上所有的軸是放在原點上呈現的。`axisRight` 物件在軸的右側繪製刻度標籤，以便如果圖被放置在右側時它們會被放在圖的外面。在此，我們把它使用在左側以讓刻度標籤放在圖的裡面。

❿ factory 函式 d3.axisRight(scale) 傳回一個函式物件，它會產生具有所有部件的軸。它需要一個 SVG 容器（通常都是 <g> 元素）作為參數，然後將建立所有軸的元素作為此容器元素的子項目。換句話說，它是一個已經在前面定義好的**元件**（*component*，詳細的資訊請參閱第 7 章）。

⓫ 對於在圖形右邊的軸，容器元素必須被移動到正確的位置上。此點可以使用 SVG 的 transform 屬性來完成。

⓬ 此點是新的：不使用 axMkr 函式明確地把 <g> 元素作為參數，取而代之的是把 axMkr 函式作為參數傳遞到 call() 函式中。call() 函式是 Selection API（請參閱第 3 章）的一部份；它有和 JavaScript 語言中類似的功能模式。它呼叫它的參數（必須是函式），並提供目前的 selection 作為其參數。此種型式的「合成（synthetic）」函式呼叫在 JavaScript 中相當常見，最好能夠習慣它。此種類型的程式設計方式的其中一個優點是，它支援方法鏈（method chaining），正如你將在下一個項目中會看到的使用方式。

⓭ …我們在圖形的底部添加水平軸。為了顯示可能性，函式呼叫的順序已經互換：先呼叫 axis 元件，然後再執行轉換。此時，我們也免除了 axMkr 的輔助變數。這可能是編寫這個程式的最慣用的方式 [3]。

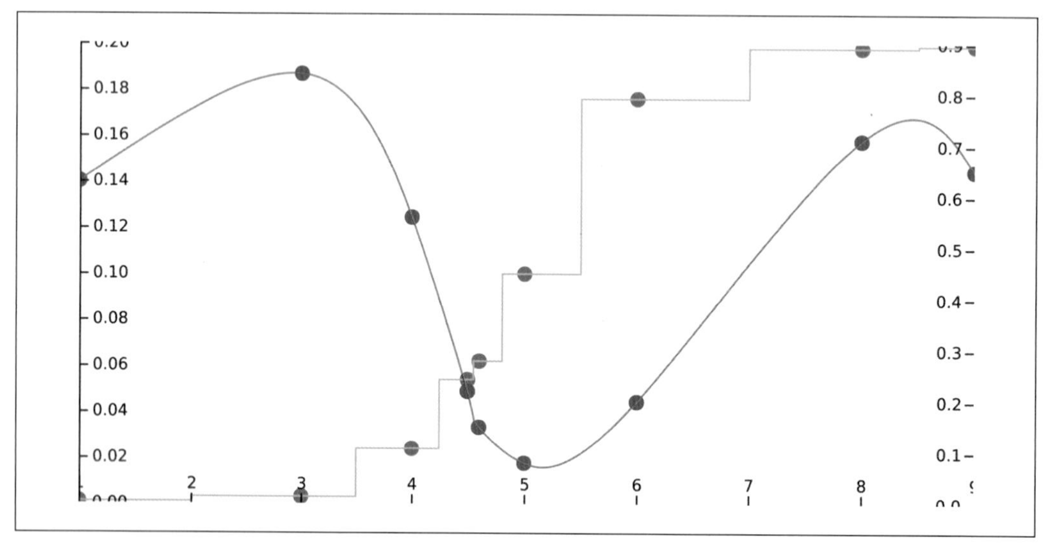

圖 2-3 一個改良過的圖形，包含座標軸並使用不同類型的曲線（和圖 2-2 以及範例 2-6 比較）

3 事實上，drawData() 函式一般都是使用此種方式呼叫：g1.call(draw Data, d=> scY1(d["y1"]), d3.curveStep)

產生的圖形如圖 2-3 所示。它並不完美但卻具有許多的功能，分別使用不同的曲線展現了兩個資料集。要改良此圖形外觀的第一步可以先從在 SVG 區域中加入一些留白圍繞在實際資料的周圍，以讓軸和刻度標籤之間多一些空間。（試試看！）

第三個範例：讓清單項目動起來

我們的第三個也是最後一個例子看起來可能比其他兩個例子更加地奇特，但是它仍說明了以下兩個重點：

- D3 不只能產生 SVG。它可以用來操作 DOM 樹的**任何**部份。在這個例子中，我們將使用 D3 操作一般的 HTML 清單項目。
- D3 使得建立響應式以及動態的文件變得容易：也就是說，文件可以依據使用者的事件（例如滑鼠點擊）來加以回應，並可隨時間而改變它們的外觀。在此，我們將只會提供那些所有驚人的可能性中的一個簡要的預覽：我們將會在第 4 章中更詳細地說明這個主題。

利用 D3 建立 HTML 元素

為了做些變化，而且因為實際上腳本非常地短，這次的 JavaScript 命令將會被直接包含在此頁中，而不會把它放在另外獨立的檔案裡。本範例的全部，包括 D3 指令，都被放在範例 2-7（也請同時參閱圖 2-4）中。

範例 2-7 使用 D3 用來進行非圖形 HTML 的操作（參閱圖 2-4）

```
<!DOCTYPE html>
<html>
<head>
  <meta charset="utf-8">
  <script src="d3.js"></script>
  <script>
function makeList() {
    var vs = [ "From East", "to West,", "at Home", "is Best" ];    ❶

    d3.select( "body" )                                           ❷
        .append( "ul" ).selectAll( "li" )                         ❸
        .data(vs).enter()                                         ❹
        .append("li").text( d => d );                             ❺
}
  </script>
</head>

<body onload="makeList()" />
</html>
```

就結構上來講，此範例幾乎是和本章到目前為止的所有範例相同（尤其是範例 2-3），但是在細節上還是有些差異：

❶ 資料集並沒有定義在外部檔案，而是直接放在程式碼中。

❷ HTML 的 `<body>` 元素被選擇作為目標對象的最外層容器。

❸ 此程式碼附加一個 `<ul>` 元素，然後建立一個用來放置清單項目的空的預留位置（使用 `selectAll( "li" )`）。

❹ 像之前一樣，資料集被綁定在 selection，並且取得沒有匹配 DOM 元素的資料點集合。

❺ 最後，一個清單項目被附加到每一個資料點，而其內容（也就是，在此範例中，是清單項目的文字）就被從資料集中把值套用到其中。

以上所有的內容都和之前做過的相當地類似，除了最後的結果頁是一個純文字的 HTML 之外。基於此點，D3 也被證明是一個用來操作 DOM 非常好的泛用（也就是非圖形）工具。

- From East
- to West,
- at Home
- is Best

圖 2-4 在 HTML 中的清單（參閱範例 2-7 和 2-8）

建立一個簡單的動畫

讓此文件回應使用者事件並不會太費力。請將在範例 2-7 中的 `makeList()` 函式替換成在範例 2-8 中的函式。你可以藉由點擊任一清單項目來將其文字顏色在黑色和紅色之間進行切換。此外，這個改變不會立即生效：文字的顏色將會在 2 秒之間漸進地變更。

範例 2-8 回應使用者事件的動畫

```
function makeList() {
    var vs = [ "From East", "to West,", "at Home", "is Best" ];

    d3.select( "body" )
        .append( "ul" ).selectAll( "li" )
        .data(vs).enter()
        .append("li").text( d => d )                          ❶
        .on( "click", function () {                           ❷
            this.toggleState = !this.toggleState;           ❸ ❹
            d3.select( this )                                 ❺
                .transition().duration(2000)                  ❻
                .style("color", this.toggleState?"red":"black"); ❼
        } );
}
```

❶ 至此，此函式和範例 2-7 中的函式是相同的。

❷ `on()` 函式註冊一個事件種類（在此例為「`click`」）的回呼函式（callback），它以當前的元素作為 DOM `EventTarget`。每一個清單項目現在可以接收點擊事件，然後會把它自己傳遞給提供的回呼函式。

❸ 我們必須要對於每一個清單項目的目前切換狀態持續追蹤。除了元素自己本身之外，還有什麼可以保留這個資訊？ JavaScript 的 permissive 特性讓此點變得非常簡單：只要簡單地把一個新的成員加到元素就可以了！ D3 會在呼叫這個回呼函式之前先設定活躍的 DOM 元素，因此就可以提供對於目前 DOM 元素的存取操作。

❹ 此行還以另一種方式使用 JavaScript 的 permissive 特性。當回呼函式首次被呼叫時（對於每一個清單項目），`toggleState` 還沒有被設定。因此，它具有一個未定義的特殊值，該值以布林值來看是 `false`，因此就無需明確地初始化這個變數。

❺ 為了使用方法鏈在其上操作，目前的節點需要被包裝在 selection 中。

❻ `transition()` 方法在選取的元素（在此例為目前的清單項目）、以及它最終想要呈現的外觀之間平滑地進行插補計算。轉換間隔被設定為 2000 毫秒。D3 可以在顏色以它們的數值表示方式）以及其他許多量值之間進行插補計算（在第 7 章中會討論關於插補計算（interpolation））。

❼ 最後，根據狀態變數的目前狀態選擇了新的文字顏色。

第三章

作業的核心：選擇與繫結

D3 是用來操作 DOM 樹以視覺化呈現資訊的 JavaScript 函式庫。以這樣的角色使得它和其他的繪圖庫有所差別：傳統的圖形函式庫直接在「畫布（canvas）」上操作線條、圓形、和其他的圖形元件。但因 D3 使用的是 DOM 樹以顯示資訊，它必須提供在 DOM 樹上操作的能力，還包括形狀、座標、顏色等管理習慣。尤其是，它必須讓使用者可以：

1. 指定需要變更的 DOM 樹位置，以及指定要被影響的元素；使用者必須能夠選取一個節點（或是一組節點）。
2. 結合資料集中的個別紀錄與 DOM 樹中指定的元素或節點；讓使用者可以繫結或加入一個資料集到選定的節點。
3. 根據和它們結合的資料的值改變尺寸、位置、以及 DOM 元素的外觀。

清單中所列的第一項和最後一項是近代網頁開發技術中常見的方式，熟悉 jQuery 函式庫的使用者會感到相當地自在（但是，如果你並不熟悉 jQuery 以及其常用的特殊程式設計風格，對你而言，D3 看起來確實會非常奇怪）。

然而第 2 項是不同的。建立在個別資料紀錄和個別 DOM 元素之間緊密結合的想法，以致於 DOM 元素的外觀可以依據和它們綁在一起的資料來變更，對於 D3 來說似乎是相當獨特。此種想法以及其實作的具體方式，是 D3 的核心。

選擇節點的操作，把資料繫結到它們之上，並更新它們的外觀，這些都在 Selection 抽象化的概念中。全面地瞭解它的概念和功能是提升使用 D3 效率非常重要的步驟（Selection 抽象化也包含把 DOM 元素和事件處理器結合使用的功能，我們將在第 4 章的動畫圖形相關內容中介紹這個主題）。

選擇 Selection

selection 是 DOM 元素的有序集合，被包裝在 Selection 抽象中。此 Selection 抽象提供一個 API 可以用來查詢以及修改它所包含的元素。Selection API 在使用上很直接，也支援方法鏈的執行方式，使得它可以在不使用迴圈逐一操作個別節點的方式下操作 DOM 樹。

建立 Selection

通常你可以利用運作在全域 d3 物件（請參考表 3-1）上的 selection 函式取得一個初始的 selection 執行實例，然後使用在 Selection 實例（請參考表 3-2）上運作的成員函式（member function），去建立這個初始 Selection 的子集合。

selection 方法接受 CSS 選擇器字串（請參閱「CSS 選擇器」補充說明）並依文件順序傳回匹配的 DOM 元素集合。select(selector) 函式只會傳回第一個匹配的項目，而 selectAll(selector) 則會傳回所有匹配的元素。如果沒有匹配的元素或者是選擇器是 null 或未定義，則這兩個函式都會傳回一個空集合（使用 CSS 選擇器字串作為選擇的條件是很常見的方法：我們將會在本章的後面討論一些額外的選項）。

表 3-1 用來建立 selection 的全域函式

函式	說明
d3.select(selector)	• 搜尋整份文件然後傳回第一個匹配 selector 的 Selection。如果沒有符合的元素或是 selector 是 null 或 undefined，則傳回一個空的 selection。 • selector 可以是 CSS 選擇器或是一個 Node 物件。
d3.selectAll(selector)	• 搜尋整份文件然後依照文件順序傳回所有匹配 selector 的 Selection。如果沒有匹配的元素或是 selector 是 null 或 undefined，則傳回一個空的 selection。 • selector 可以是 CSS 選擇器或是一個 Node 物件。
d3.create(name)	提供元素的 name，建立一個 Selection，它包含了在目前文件中這個名稱的分離元素。

如前所述，selection 函式在被鏈結時嵌套：任何後續的 selection 動作將只會被執行在前一個動作的結果上（技術上，前一個動作會傳回一個新的 selection 物件，它就會成為下一個動作的目標，依此類推）。例如，以下的程式碼（此程式碼直接取自於 D3 的參考說明文件）將會選取在文件中所有段落的第一個粗體元素：

```
bs = d3.selectAll( "p" ).select( "b" );
```

而以下的程式碼會選擇所有在 ID 是 `id123` 的元素中的所有 `<circle>` 元素：

```
cs = d3.select( "#id123" ).selectAll( "circle" );
```

你可以利用查詢全域 `d3` 物件（等於是搜索整個文件）取得初始 selection。當然，selection 物件可以被指定給變數（就如同前面的程式碼片段中所展現的），被傳遞給函式（如範例 2-6）等等。

表 3-2 從 selection 建立子選擇（subselection）的方法函式（sel 是 Selection 物件）

函式	說明
`sel.select(selector)`	• 從原始的 selection 中的每一個元素中搜尋匹配的項目，並傳回匹配 selector 的第一個 `Selection`。如果沒有匹配的元素或是 selector 是 `null` 或 `undefined`，則傳回一個空的 selection。 • selector 可以是 CSS 選擇器字串，或是一個存取器函式。存取器必須傳回一個 DOM 元素實例，或如果沒有匹配的話則傳回 `null`。 • 被綁定在原始選擇中的元素資料會從該函式所傳回的元素中所保留。
`sel.selectAll(selector)`	• 從原始的 selection 中的每一個元素中搜尋匹配的項目，並傳回匹配 selector 的所有 `Selection`。如果沒有符合的元素或是選擇器是 `null` 或 `undefined`，則傳回一個空的 selection。 • selector 可以是 CSS 選擇器字串或是一個存取器函式。此存取器必須傳回一個 DOM 元素實例的陣列，或是如果沒有任何匹配的項目則傳回空陣列。 • 回傳的結果會是以原始 selection 中的順序排列。 • 被綁定到來源元素之資料不會被傳遞到在回傳的 selection 中的元素。
`sel.filter(selector)`	和 `sel.selectAll(selector)` 類似。selector 可以是 CSS 選擇器或是一個存取器函式。如果它是一個存取器，則它會傳回一個布林值以指示目前的節點是否要被保留在這個 selection 中。

三種類型的 selector 可以和 `select()` 以及 `selectAll()` 函式一起使用：

- CSS 選擇器字串（請參閱「CSS 選擇器」補充說明）。這是最一般的例子。

- 全域的 d3 物件上的 selection 函式接受節點（用於 select()）或節點的集合（用於 selectAll()）。

- 在 Selection 物件上呼叫 selection 函式時，它們可以接受存取器函式作為選擇器。對於 select()，這個函式必須回傳一個 DOM Element 實例，或是如果沒有匹配的話要傳回 null；對於 selectAll()，它必須回傳一個元素陣列，但如果沒有匹配的項目則回傳空值；對於 filter()，它要回傳一個布林值，用來指示是否應該要保留目前的元素。

使用節點作為選擇器似乎很奇怪：如果我已經有一個節點在手上，為何要呼叫 select()？如果是此種情況，則呼叫 select() 並不是去選擇一個節點，而是作為一個在 Selection 物件中包裝節點的便捷方法，為了讓 Selection API 可以在此節點上使用。當你想要讓 Selection API 作用在已經接收到事件的目前節點，這通常會在事件處理器內部完成（你已經在範例 2-8 中看到這樣的例子；更進一步的例子可以在圖 4-2 和圖 4-4 中找到）。

瞭解 Selections

大多數的 D3 程式設計從在文件中選擇元素開始；之後即可修改 selection 裡面的內容。因此，selection 是使用 D3 時的基礎材料。基於此點，在此需面對以下的這兩個問題：

- selection 實際上是什麼樣子？

- 我們可以用 selection 來做些什麼？

就技術面而言，Selection 是一個 JavaScript 的包裝者，它包含一個有序的 DOM 元素集合，以及一群操作這個集合的方法。這些 API 是宣告式的，同時也支持方法鏈，因此它們就沒有必要以明顯的方式來處理集合的元素。

從概念上來說，selection 是在 DOM 樹上的一個把手（全部或部份），以及一組由之前所列出的 3 種行為所組成的操作：選取元素、綁定資料、以及修改外觀和行為。

最好的方式，是把 selection 想成是一種不透明的抽象層，而我們只能透過它所提供的 API 操作它們。除了基於指定條件建立 selection 之外，大部份在 Selection API 中的操作可以被分為兩組：那些作用在 selection *元素*上的操作（例如，透過變更元素的屬性），以及那些作用在整個 selection 的操作（例如，添加或移除元素）。最後，還有一小群操作用來管理在資料集和 selection 元素間的關聯。我們接下來將討論這個主題。

CSS 選擇器

CSS 選擇器是用來指定出 DOM 樹的某些部份的一種機制。就像其他的網頁技術，它的基礎很簡單，但是要精通卻也不太容易。在此，我只聚焦在那些和操作 D3 最相關的部份（和一般的網頁開發比較而言）。

以下是幾個不同種類的選擇器：

`type`
: type 或元素選擇器是由標籤名稱（大小寫無關）所組成，像是 `p` 或 `svg`。一個特別的例子是萬用選擇器 `*`（最常用在作為選擇器的組合上，例如 `div *`，表示要選取所有 `<div>` 元素的後代）

`#id`
: 使用元素的 `id` 屬性值來選取一個指定的元素。要構成選擇器格式，屬性值的前面要加上一個井號標記。這個值在整份文件中必須是唯一的。

`.class`
: 使用元素中的 `class` 屬性來選擇指定的元素集。在文件中可以有許多的元素具有相同的 class，而單一個元素也可以有許多不同的 class（在 `class` 屬性中以空白作間隔即可）。要構成選擇器格式，在 class 名稱之前要加上一個句點符號。

`:pseudo-class`
: pseudo-class 以元素在元件中的狀態或位置來選取。有幾十個 pseudo-class 可以被識別，一些比較常見的是 `:hover` 以及 `:visited`（後者僅用於連結）。對我們來說，重要的是 pseudo-class 是以在文件中一個元素的位置來檢查是否符合，例如 `:first-child`、`:first-of-type` 等等。位置可以是常數，關鍵字 `even` 或 `odd`，或甚至是偏移量或增量的組合。pseudo-class 選擇器是以一個冒號作為開頭。

`[attribute]`
: 元素也可以根據其屬性以及值的內容來選擇。例如，`"[width]"` 選擇那些擁有 `width` 屬性的，而 `"[width='600'"` 則是只選擇具備 width 屬性而且其值是 600 的那些。特殊的語法允許向下匹配屬性值的子字串。屬性選擇器被包含在中括號裡面。

`::pseudo-element`

此語法允許選擇一個元素的**部份**，像是 `::first-line`。pseudo-element 選擇器是以雙冒號開頭的。

選擇器可以被**合併**使用。這些組合後的語意取決於組合的形式：

- class 和 pseudo-class 選擇器可以組在任一種 type 選擇器中：`p.nav` 或 `g:first-child`（邏輯上的 AND）。
- 選擇器可以被加上逗號而形成一個「群組」。群組會找出那些最少匹配其中一項的元素（也就是邏輯上的 OR）。
- 選擇器如果是以**空格**間隔，則形成前後代的關係：`p b` 匹配任何直接或間接在一個段落元素下的粗體元素。
- 選擇器可以使用「結合運算子」> 、+ 或是 ~ 組合在一起，用來表示更多特定的子代或是同代關係。例如，`p > b` 只會符合那些**直接**屬於段落元素的粗體元素。同樣地，「+」則是符合**下一個**兄弟，而「~」則是用來找出**任一個**兄弟（同代）的元素。

對我們而言最重要的是 type 和 ID 選擇器（選取 ID 之前別忘了加上「#」符號）。class 可以被使用於「標記」到某些元素以便我們在之後可以辨識它們。D3 的軸功能利用了此點（參考圖 7-2 以及範例 5-8 和範例 7-2 以瞭解更多）。

但是也別忘了 pseudo-class：它們可以讓你在使用上更加地方便。你可能還需要考慮以屬性為基礎的選擇器，以追蹤在 HTML 或是 SVG 中的狀態，而不是在另一個資料結構中。選擇器的組合在使用 D3 時就比較沒有那麼常用，因為嵌套式的選擇提供了更慣用的替代方案（例如，`d3.selectAll( "p" ).selectAll( "b" )`）。

Mozilla Development Network（MDN）在他們的網站上提供了一個關於選擇器更完整的使用指引，MDN 介紹了 CSS 選擇器（*https://mzl.la/2ZoQv1c*），以及許多有用的參考資料（包含所有的 pseudo-classes）在 MDN CSS Selector Reference (*https://mzl.la/2W37cxe*)。

繫結資料

`data()` 方法接受一個任意資料值的陣列或是物件，然後嘗試在目前的 selection 下建立這個陣列項目和元素之間的一對一關係（請記住，`data()` 必須透過 selection 物件來呼叫，而這個 selection 就是「目前的 selection」）。

除非已經提供了 key（稍後說明），否則 `data()` 函式將會試著藉由在它們容器中的位置去匹配資料項目和元素：第一個被選擇到的 DOM 元素和第一個資料點，第二個 DOM 元素和第二個資料點等等（請參閱圖 3-1）。資料和元素的數目不一定要一樣；事實上，它們通常都不會相同。如果數目不等，就可能會有多出來的資料點或是 DOM 元素（我們將會在之後回到此點上）。

如果資料點已與 DOM 元素結合在一起，資料點本身會被存在元素的 `__data__` 屬性中。如此，資料點和 selection 元素之間的關係是永久性的，持續直到被明確地覆寫掉為止（使用不同的資料集作為參數再次呼叫 `data()`）。由於資料點被儲存在 DOM 元素中，資料就可以被用於方法中，修改 DOM 元素的屬性或外觀。

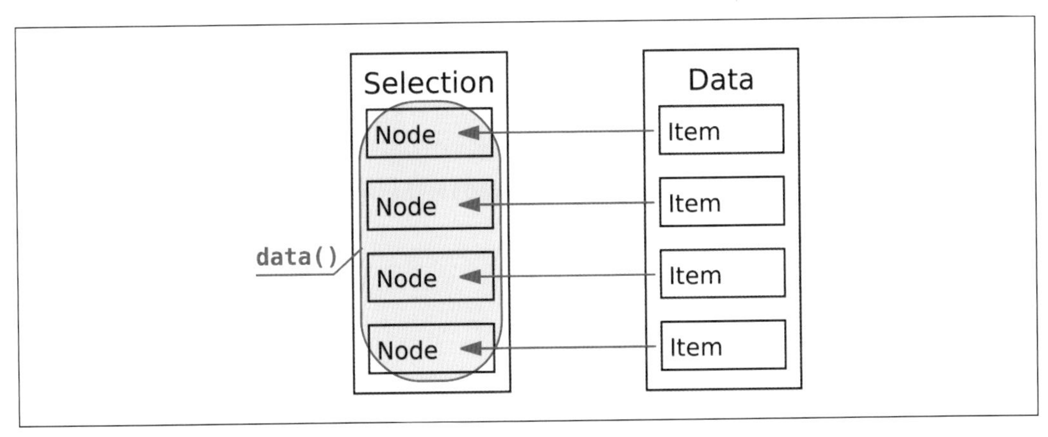

圖 3-1 當資料點和 DOM 元素一樣多時，繫結資料到 selection 上

`data()` 方法回傳一個新的 `Selection` 物件，此物件包含那些在資料集中被成功繫結到元素的資料項目。`data()` 也會填入叫做「enter」以及「exit」的 selection，也就是那些包含了未匹配（剩餘）的資料點或是 DOM 元素（請參閱表 3-3）。

未匹配的項目：Enter 和 Exit selection

如果資料點和 DOM 元素的個數不同，就會有一些未匹配到的剩餘項目，有可能是資料點或是 DOM 元素，但當然不會兩者都剩下。因為項目是在一開始時就進行匹配，而未匹配的項目將會是該集合的尾隨項。如果這些項目在一個 key 上進行連結（請參閱下一節），則可能會出現匹配失敗。

在呼叫 `data(data)` 之後，那些沒有匹配到的項目集合可以透過 `enter()` 以及 `exit()` 方法來存取（請參閱圖 3-2[1]）。如果沒有前面 `data()` 呼叫，這些方法會傳回空集合。`exit()` 方法實際上回傳一個 DOM 元素的 `Selection`，但是 `enter()` 方法則只會回傳一個元素預留位置的集合（透過建構式，剩餘的資料點是不會有實際的節點）。

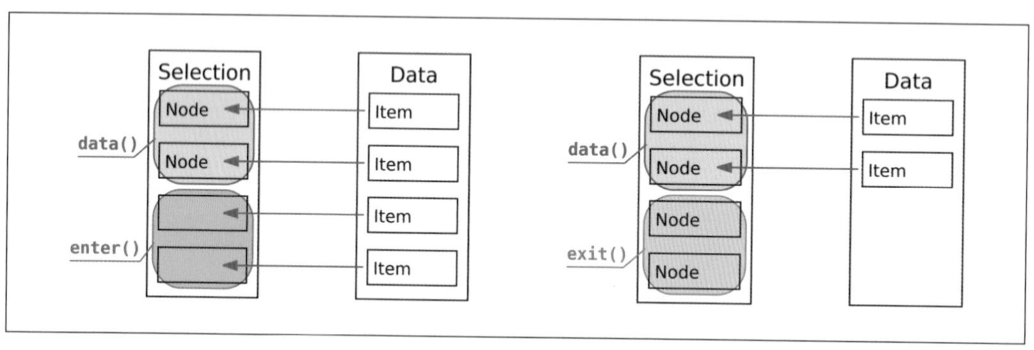

圖 3-2 在 selection 中的資料點與元素數目不一致的時候繫結資料到 selection

剩餘的項目集合可以在有需要建立圖形以符合這個資料集時，被使用在建立或移除項目。給定一組剩餘的資料項目（由 `enter()` 所傳回的），你可以建立需要的 DOM 元素如下：

```
d3.select( "svg" ).selectAll( "circle" )
    .data( data ).enter()
    .append( "circle" ).attr( "fill", "red" );
```

1 這些函式的名稱可以被理解成，如果你把資料的繫結想成是透過這三個詞來處理。在「entry（進入）」階段，DOM 元素是為任何不匹配的資料項目創建。在「update」階段，DOM 元素是基於繫結於其上的資料設定其樣式，而在「exit」階段，剩餘的元素（也就是沒有被資料綁定的項目）就會從這個圖形中移除。如果你有些混淆了，只要記得 `enter()` 會回傳剩餘的資料項目，而 `exit()` 則是回傳剩餘的 DOM 元素。

同樣地，給一組剩餘的 DOM 元素（由 exit() 所回傳），你可以使用如下所示的方法移除這些項目：

```
d3.select( "svg" ).selectAll( "circle" )
    .data( data ).exit()
    .remove();
```

data() 方法本身傳回成功綁定資料點的 DOM 元素之 Selection；它可以被使用在更新這些 DOM 元素的外觀上。所有這三種活動可以一起被使用在**通用更新範式**裡，本章稍後將會討論這個部份。

表 3-3 繫結資料到 selection 的方法（sel 是 Selection 物件）

函式	說明
sel.data(data, key)	• 在提供的任意值陣列（資料集）與目前的 selection 之間建立一對一對應。如果沒有提供 key 的話，就按順序匹配；否則，項目將使用匹配鍵去綁定節點。 • 傳回具有資料綁定的節點之 selection。 • 如果沒有加上任何參數呼叫，此函式會傳回在目前的 selection 中的資料項目陣列。
sel.enter()	• 對於那些在前一個 data(data) 呼叫中沒有被綁定到 selection 的資料項目，傳回一個「預留位置」項目的 selection。 • 如果此函式被呼叫時沒有前一個 data(data) 的呼叫，則傳回一個空的 selection。
sel.exit()	• 傳回那些在前一次呼叫 data(data) 中沒有被綁定到資料項目的 DOM 元素之 selection。 • 如果在呼叫函式之前沒有前一次呼叫 data(data)，則傳回一個空的 selection。

透過 Key 進行連結

有時候以對齊的方式依照順序匹配資料和節點是不夠的。尤其是在使用新資料更新一個*既有*的節點集合時，讓*正確*的 DOM 元素接收到新的資料是很重要的。

圖 3-3 顯示了這個例子：當使用者在圖形裡點擊，圓的位置使用新的資料更新。因為圖形使用了平滑的動態轉換來移動圓的位置，讓每一個圓接收到與它相關聯的新資料是非常重要的。範例 3-1 展現了建立圖 3-3 的指令。

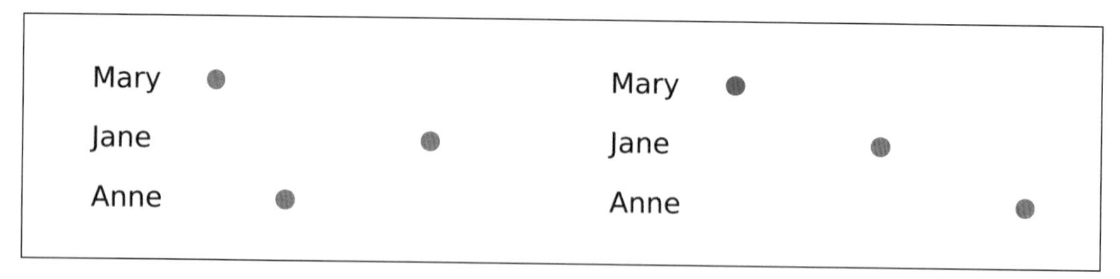

圖 3-3 使用新資料更新圖形：更新前的圖形（左側）以及更新後的圖形（右側）（請參閱範例 3-1）

範例 3-1 圖 3-3 所使用的命令

```
function makeKeys() {
    var ds1 = [["Mary", 1], ["Jane", 4], ["Anne", 2]];            ❶
    var ds2 = [["Anne", 5], ["Jane", 3]];                          ❷

    var scX = d3.scaleLinear().domain([0, 6]).range([50, 300]),
        scY = d3.scaleLinear().domain([0, 3]).range([50, 150]);
    var j = -1, k = -1;                                            ❸

    var svg = d3.select( "#key" );                                 ❹

    svg.selectAll( "text" )                                        ❺
        .data(ds1).enter().append( "text" )
        .attr( "x", 20 ).attr( "y", d=>scY(++j) ).text( d=>d[0] );

    svg.selectAll("circle").data(ds1).enter().append( "circle" )  ❻
        .attr( "r", 5 ).attr( "fill", "red" )
        .attr( "cx", d=>scX(d[1]) ).attr( "cy", d=>scY(++k)-5 );

    svg.on( "click", function() {
        var cs = svg.selectAll( "circle" ).data( ds2, d=>d[0] );  ❼

        cs.transition().duration(1000).attr("cx", d=>scX(d[1]) ); ❽
        cs.exit().attr( "fill", "blue" );                         ❾
    } );
}
```

❶ 原始資料集。

❷ 新的資料集。請留意此資料集是不完整的：三個項目中只有兩個會用新資料更新。此外，項目所呈現出來的順序和原始的資料集中的順序是不同的。

❸ 用於追蹤文字標籤和圓的垂直位置之整數。

❹ 取得 `<svg>` 元素作為 `Selecton`，並指定到變數中以供接下來的調用。

❺ 建立文字標籤…

❻ … 以及這些圓作為它們的初始位置。

❼ 在 `click` 事件處理器中，新的資料集被綁定到 `circle` 元素的 selection 上。請留意，`data()` 函式的第二個參數：這個函式定義了將要被加入的資料項目的 *key*。

❽ 從舊位置到新位置的平滑動態轉換。

❾ `exit()` selecton 現在被填充到 Mary 的節點，因為在最後呼叫到 `data()` 時，沒有任何資料點是被綁定到此節點，我們給這個圓一個不同的顏色讓它看起來更醒目。

這個例子展現了如何實現使用 key 來連接：只要簡單地提供第二個參數給 `data(data, key)` 函式即可。這個額外的參數必須是一個存取器函式，它可以為每一個節點或資料點傳回想要的 key 值作為字串。此函式將會在資料集中的每一個項目進行計算，然後符合 key 的項目就會彼此相互綁定。沒有匹配到的項目，不論是在資料集或是 selection 中，就像是之前提到的，都被放入到 `enter()` 以及 `exit()` selection 中。如果有重複的 key，不管是在資料集或是在 selection 裡面，只有首次出現的 key（以集合中的順序）被綁定。在資料集中重複的部份會被放到 `enter()` selection 中，而在目前 selection 重複的項目則會被放到 `exit()` selection 中（參閱圖 3-4）。

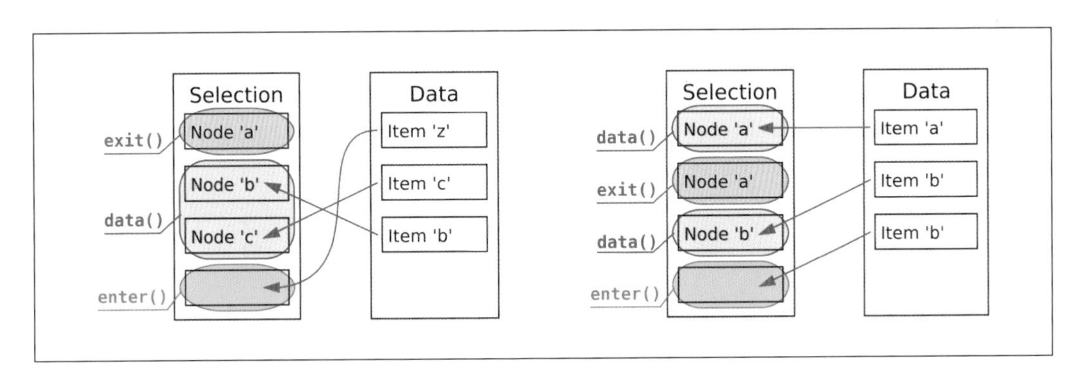

圖 3-4 使用 key 綁定資料不完全匹配的情況。這三個 selection：data()、enter() 以及 exit() 會依不同情況被填入資料（左側）。如果有重複的鍵，不管是在資料集或是 selection 中，相對應的項目會被放置在 enter() 或是 exit() selection 裡（右側）

通用更新範式

當需要重複地使用新資料更新既存圖形時，會出現一種特殊的情況一例如，因為資料只會隨著時間推移才可用，或是因為圖形必須回應使用者的輸入。在此種情況下，僅僅只是為新的輸入建立一個額外的元素是不夠的；新的元素必須也要被**合併回**現有的元素以取得圖形，以為下一個階段的執行進行準備。因此，完整的步驟順序如下：

1. 繫結新的資料到現存的元素 selection。
2. 移除不再連結的未匹配的資料項目（`exit()` selection）。
3. 建立和配置所有之前不存在的與資料點結合的項目（`enter()` selection）。
4. 將從 `enter()` selection 新建立的項目與從原始 selection 中的剩餘項目合併。
5. 依據綁定資料集的目前值，更新所有已併入 selection 中的所有項目。

在範例 3-2 中的例子定義了兩個資料集；在圖形區域內點擊會把目前的資料集取代成另外一個，並依此更新圖形。

圖 3-5 通用更新範式：在點擊之前的圖形外觀（左側）以及之後的圖形外觀（右側）（參閱範例 3-2）

範例 3-2 圖 3-5 的命令。第 6-10 列即為通用更新範式

```
function makeUpdate() {
    var ds1 = [ [2, 3, "green"], [1, 2, "red"], [2, 1, "blue"],    ❶
                [3, 2, "yellow"] ];
    var ds2 = [ [1, 1, "red"], [3, 3, "black"], [1, 3, "lime"],
                [3, 1, "blue"]];

    var scX = d3.scaleLinear().domain([1, 3]).range([100, 200]),  ❷
        scY = d3.scaleLinear().domain([1, 3]).range([50, 100]);

    var svg = d3.select( "#update" );                              ❸
```

```
    svg.on( "click", function() {                                    ❹
        [ ds1, ds2 ] = [ ds2, ds1 ];                                 ❺

        var cs = svg.selectAll( "circle" ).data( ds1, d=>d[2] );     ❻

        cs.exit().remove();                                          ❼

        cs = cs.enter().append( "circle" )                           ❽
            .attr( "r", 5 ).attr( "fill", d=>d[2] )
            .merge( cs );                                            ❾

        cs.attr( "cx", d=>scX(d[0]) ).attr( "cy", d=>scY(d[1]) );   ❿
    } );

    svg.dispatch( "click" );                                         ⓫
}
```

❶ 兩個資料集。每一個項目均由 *x* 和 *y* 座標所組成，緊接著的是顏色。我們將使用顏色字串作為 key 來綁定資料。

❷ 把資料值的比例縮放至螢幕座標。

❸ 取得一個對於 `<svg>` 元素的處理把手，也就是 svg 變數。

❹ 為 `<svg>` 元素註冊滑鼠點擊事件處理器。所有相關的操作將會在此事件處理器中進行。

❺ 為了回應使用者的點擊，在此置換資料集，把目前的取代掉。

❻ 把新的資料繫結到圖形中已存在的 `<circle>` 元素，使用顏色的名稱作為 key。

❼ 移除那些不再綁定到資料的元素（`exit()` selection）。

❽ 為那些資料集中新的資料點建立新的元素（`enter()` selection）。

❾ 將之前 selection 中保留的現存元素合併到新建立元素的 selection 中，並把此組合視為是接下來要使用的「現有」selection。

❿ 使用綁定的資料值更新所有已結合 selection 中的所有元素。

⓫ 此敘述產生一個合成的 `click` 事件。它會觸發事件處理程式，並接著在頁面被初次載入時繪出圖形（我們將會在第 4 章中再次檢視事件）。

merge() 函式的目的可能不是立即地顯現出來。但是請記在心裡，enter 和 update selection（分別被 enter() 和 data() 傳回的內容）是不同的 selection。如果我們想要在不重複程式碼的情況下操作它們的元素，那麼我們必須先把它們合併起來。此外，簡單地把 enter 和 update selection 串在一起可能會不正確；merge() 操作被設計成可以在兩個 selection 的特定資料表示上進行操作[2]。

操作 Selection

Selection 抽象層包含了許多的操作，包括對於個別的 selection 之元素，或是對於整個 selection。

存取器函式（Accessor Functions）

在許多地方，D3 方法可以接受一個函式而不是值作為參數呼叫。通常，這些函式會在 selection（或集合（collection））中的每一個項目被呼叫，並具可存取項目本身以及其他的資訊的權限。它們必須傳回可以被呼叫它們的函式所接受的值。利用此種機制，就可以動態地為每一個項目計算它們的值。

使用例子來說明，會使此種機制更容易理解。例如要讓在 selection 中的每一個元素變成 red，我們只要簡單地說：

```
sel.attr( "fill", "red" );
```

但是，如果我們想要動態地選擇顏色，例如，基於綁定到元素的資料來套用，我們可以說：

```
sel.attr( "fill",
          function(d, i, ns) {return d<0 ? "red":"green"} );
```

2 這可能有助於理解提供在檯面下發生的大概情形。exit 的 selection 包含了與舊有資料集相同數目的元素，但是只會填入那些在新的資料集裡面沒有對應的資料點的項目。enter 和 update 的 selection 包含那些在新的資料集裡面的每一個資料點的項目，但是只有新增加的或是在之前被保留的那些項目會被填入。merge() 函式把這些互補的陣列合併成一個。如果在兩個陣列中的相同位置都有一個非空的值，其中一個就會被移除。所有這些都是使用 JavaScript Array 型態來進行實作，它允許出現未設定的「洞」，也就是在任意索引值中的未定義的值。可能的話，最好將這些資訊視為實作的細節，並預期它可能會更新。只要記住，merge() 函式的角色是作為通用更新範式的一部份。

或是，使用「=>」符號，在這裡使用起來就特別地方便：

```
sel.attr( "fill", d => d<0 ? "red" : "green" );
```

傳遞到這些函式的參數有一些取決於目前的情況；接下來我將會指出它們的差異。對於 Selection 抽象層的方法，這些參數總是：目前元素所綁定的資料點 d，在目前 selection 中元素的索引值 i，以及在目前 selection 中所包含的節點陣列 nodes[3]，而 this 則是被設定為指向目前 DOM 元素本身[4]：

```
function( d, i, nodes ) {
    this === nodes[i];              // true!
}
```

與所有的 JavaScript 函式一樣，所有的參數都是可選用的。傳回值的型態也不是強制的，但是依照前後文的內容來看通常都相當地明顯。當計算一個 selection 時，存取器通常被預期回傳一個值（通常是字串），或是一個 DOM 節點。

在 Selection 元素上的操作

selection 的抽象層提供多種方法用於操作在 selection 各個 DOM 元素的不同操作方式（參見表 3-4）。

表 3-4 可以用於 selection 的元素之操作方法（sel 是一個 selection 物件）

函式	說明
sel.attr(name, value)	把叫做 name 的 attr 設定為 value 所提供的值。
sel.style(name, value, priority)	把叫做 name 的樣式屬性設定為 value 所提供的值。可以透過第三個參數之 priority 字串設定 "important"（沒有加驚嘆號）提供覆寫的權先權。請留意，要設定樣式的長度屬性通常都需要指定單位（和 SVG 的屬性不同）。
sel.property(name, value)	把叫做 name 的 property 設定為 value 所提供的值。（這適用於那些不能以屬性的方式存取值的 HTML 元素，像是核取方塊中的「已核取」屬性）。

3 嚴格地說，節點參數包含了當前的分組，而 i 是在此組中的索引值。本章結束前會討論到分組。

4 如果你想要在存取器函式中進行存取，你必須使用 function 關鍵字，而不能使用箭號函式。

函式	說明
sel.classed(value, flag)	value 中的內容必須是以空白字元分隔的類別名稱字串。如果 flag 引數的內容為 true，class 屬性會被設定到這個字串；如果 flag 的屬性是 false，則這些類別就會是未設定的。
sel.text(value)	以 value 來設定其文字內容：使用這個函式以設定 <text> 元素的實際內容（此方法複製了 DOM 元素介面的相對應屬性）。
sel.html(value)	以 value 來設定「inner HTML」：這是放在標籤內部的 HTML，但是不包含目前的元素（此方法複製了 DOM 元素介面的相對應屬性）。
sel.datum(value)	以提供的 value 設定為綁定到此元素的資料。
sel.each(function)	為每一個在 selection 中的元素呼叫提供的存取器函式。

所有函式的參數都是可選用的（就與 JavaScript 一樣）。在表 3-4 中的函式可以被使用在設定、取得、或清除 attribute（或是 property[5]、style 等等），視 `value` 參數而定：

- 如果沒有提供 `value`，則函式回傳 selection 中第一個非零元素目前的值。
- 如果提供的是 `null` 的值，則 attribute（或 property）會被從元素中移除。
- 如果提供的是常數值的 `value` 而且不是 `null`，則此 attribute（或 property）就會被設定為提供的值。
- 如果提供的是一個函式，則它會針對 selection 中的每一個元素逐一進行運算，然後以它的傳回值去修改目前的元素。

除了最後兩個項目，在表 3-4 中的函式是在 DOM API 中具有相同功能的精簡封裝；如果你想要比較精確的語意定義，可以參考說明文件（例如，在 *https://mzl.la/2IUe5gy* 中的 MDN Node Reference），以及 MDN Elelment Reference（*https://mzl.la/2IUFmPU*））。

5 attribute 和 property 之間的區別有點微妙。基本上，HTML 元素有 *attribute*，而 JavaScript 的節點物件則是 *property*。大部份的 attribute 會和 JavaScript 節點物件的 properity 有相互的對應關係，但是它們的名稱並不會總是一致，並且 attribute 和 property 之間的暫時狀態關聯可能取決於頁面的動態狀態，因此兩種表示形式之間就可能會有所不同。SVG 規範做了區分，property 是可以透過 CSS 修改的屬性，而另一方面，attribute 通常是不能修改的。

針對 Selection 本身的操作

Selection 抽象層提供許多函式可以操作整個 selection，例如，新增、移除、或是重新排序元素（參閱表 3-5）。

表 3-5 操作整個 selection 的方法（sel 是 selection 物件）

函式	說明
`sel.append(item)`	• 在目前的 selection 的每一個元素中新增一個額外的元素。 • 如果 item 是字串，指示的型態（標籤名稱）的新元素會被建立而且添加上去。 • 如果 item 是一個存取器函式，它會根據目前 selection 中的每一個元素逐一計算，而且應該要傳回一個被附加上去的 DOM 元素（新的或是已存在的）。 • 最後它會傳回一個已經加上附加元素的新 selection。
`sel.insert(item, before)`	• 在目前 selection 的每一個元素利用 before 選擇器進行匹配，在第一個匹配的元素之前插入一個元素。 • 如果 item 是一個字串，指示的型態（標籤名稱）的新元素會被建立而且添加上去。 • 如果 item 是一個存取器函式，它會根據目前 selection 中的每一個元素逐一計算，而且應該要傳回一個要被附加上去的 DOM 元素（新的或是已存在的）。 • before 參數可以是 CSS 選擇器字串，或是一個存取器函式。如果它是存取器，則它必須傳回一個來自於目前 selection 的 DOM 節點（不是 Selection）；新的元素將會被添加到這個節點的前面。如果沒有設定 before 或 before 是空值，item 會被附加到 selection 的末端。 • 此函式會回傳一個包含新添加元素的 selection。
`sel.merge(selection)`	把目前的 selection 和提供的 selection 合併在一起，並傳回合併後的 selection。這兩個 selection 被預期在隨附的位置上有未定義的元素。如果在相同的位置上兩個 selection 都有非空值的元素，以目前的 selection 為主。此函式不能用於串接任意的 selection，相反地，它主要的目的是在把 enter selection 合併回目前在通用更新範式中的 selection。
`sel.remove()`	從文件中移除選擇的元素並傳回包含這些已被移除元素的 selection。
`sel.sort(comparator)`	採用兩個參數（a 和 b）的函式，此函式被綁定到此 selection 的資料呼叫。如果 a 小於 b，則 comparator 應該傳回 -1，如果 b 小於 a 則傳回 +1，否則傳回 0。此函式會傳回一個 selection，裡面會依據 comparator 排序每一組；也會把相對應的元素插入到目前的 selection 中。在沒有提供 comparator 的情況下，selection 是以遞增的方式來排列順序。

函式	說明
`sel.call(function, arguments)`	呼叫 function 一次，傳遞目前的 selection 以及後面的 argument 參數。傳回目前的 selection 並使用方法鍵的形式（此方法的主要應用）。
`sel.nodes()`	以 DOM 節點陣列型式傳回 selection 中所有非空值節點。
`sel.node()`	以 DOM 節點物件的型式傳回 selection 中第一個非空值的節點。
`sel.size()`	傳回 selection 中所有非零元素的個數。
`sel.empty()`	如果這個 selection 中沒有任何非空值的元素，就傳回 true。

`node()` 和 `nodes()` 函式是取得一個到 selection 中實際 DOM `Node` 實例參考的方法。此方法有時候很好用：我們將會在第 4 章中看到一些例子 [6]。

我們在之前已經看過幾次 `append()` 函式的實際應用。接下來的例子將會展現如何運用 `insert()` 以及 `sort()`。一開始，一個未經排序的清單被從靜態資料中填入。如果你的滑鼠滑移過該清單，會有兩個新的項目被加到清單中。如果之後你在這個清單中按下了滑鼠鍵，這個清單就會被以遞減的方式來排序，而排序的根據是它們的文字內容（參閱範例 3-3）。

範例 3-3 把元素插入到 selection 並執行排序

```
function makeSort() {
    var data = [ "Jane", "Anne", "Mary" ];

    var ul = d3.select( "#sort" );
    ul.selectAll( "li" ).data( data ).enter().append( "li" )        ❶
        .text( d=>d );

    // insert on mouse enter
    var once;                                                          ❷
    ul.on( "mouseenter", function() {                                  ❸
        if( once ) { return; }
        once = 1;
        ul.insert( "li", ":nth-child(2)" )                             ❹
            .datum( "Lucy" ).text( "Lucy" );
        ul.insert( "li", ":first-child" )                              ❺
            .datum( "Lisa" ).text( "Lisa" );
    } );
```

6 請注意，當不透過 D3 而是直接存取 DOM API 時會產生一些額外的問題。尤其是 XML 的命名空間經常需要被明確地考慮，請參考在第 6 章的相關範例。

範例 *3-3* 把元素插入到 *selection* 並執行排序（續）

```
    // sort on click
    ul.on( "click", function() {                                   ❻
        ul.selectAll( "li" ).sort( (a,b)=>( a<b?1:b<a?-1:0 ) );   ❼
    } );
}
```

❶ 把未排序的清單從資料集中填入。

❷ 此變數 `once` 用來確保新的項目只會被加到清單中一次。

❸ 註冊這個清單要用的兩個事件處理程式的第一個：如果滑鼠的指標進入了這個清單所佔用的區域，這個回呼函式就會被呼叫執行。

❹ 透過 pseudo-class 來指定新的項目要插入的位置。「`:nth-child()`」這個 pseudo-class 指令從 1 開始計算（所以，`:nth-child(1)` 代表的是 `:first-child`）。請注意，我們不只需要為每一個元素設定綁定的資料（使用 `datum()`），還要在使用 `insert()` 時分別設定要顯示的文字（使用 `text()`）。

❺ 另外一個元素被加到整個清單的前面，把前面加入的元素從第二個推到第三個位置（位置在 pseudo-class 中是當 pseudo-class 被套用時才會計算的）。

❻ 註冊清單上的第二個事件處理程式，用來處理滑鼠的 click 事件。

❼ 按下滑鼠之後，清單就會被以遞減的方式排序，而排序是基於它們所綁定的資料值。

留意 `insert()` 不綁定資料：需要明確地呼叫 `datum()` 把資料添加到之前利用 `insert()` 所加入的元素。

通常，作用在 selection 單獨元素上（表 3-4）的方法傳回的是**目前的** selection，而作用在整體 selection 的方法傳回的是一個**新的** selection（但是也有一些例外）。作為參考，以下所列的是會傳回**新的** selection 的函數：

- `select(), selectAll()`
- `data(), enter(), exit()`
- `append(), insert(), remove()`
- `merge(), filter(), sort()`
- `create()`

使用群組在 Selection 之間分享父節點資訊

selection 維護一個額外的資訊，它並沒有明確地被呈現在 API 中，亦即 selection 的成員在前一個 *selection* 中，共用一個共同的父節點（不一定在文件中）。透過例子是最好的理解方式。以這個 HTML 表格為例：

```
<table>
    <tr>
        <td>A</td><td>B</td>
    </tr>
    <tr>
        <td>C</td><td>D</td>
    </tr>
</table>
```

利用以下的指令在所有列中選擇所有的儲存格（例如，要為它們加上顏色）：

```
d3.selectAll("tr").selectAll("td").attr(..., (d,i,ns)=>{ ... });
```

在存取器函式的第一個參數 `d` 很明顯地把資料綁定到每一個儲存格。但是，索引 `i` 應該要參考到哪裡？因為儲存格作為每一個相對應的列被選擇到，索引 `i` 會保留住在**此列中**每一個元素的位置，也就是它的欄。如此就讓我們以欄來對儲存格進行著色時變得非常容易。本著相同的精神，第三個參數 `ns` 包含了目前列（不是整個表格）的所有元素（節點）。

讓我們重複一遍，有關共享父節點這些資訊是指原始的 *selection*，而不是**文件**。例如，你可以直接從文件中選擇儲存格，而不是先建立一個列的選擇：

```
d3.selectAll("td").attr(..., (d, i, ns) => { ... });
```

現在，索引 `i` 將會是儲存格執行中的數字（在此例為 0 到 3），而 `ns` 則是所有儲存格的集合。selection 只維護一層前代。如果每一個儲存格包含一個未排序的清單，那麼在以下的程式片段中：

```
d3.selectAll("tr").selectAll("td")
    .selectAll("li").attr( ..., (d,i) => { ... } );
```

索引 `i` 就是在這個清單中每一個清單項目的位置。有關於欄資訊的資訊在此時即會丟失（當然，它在此方法鏈的第二個 selection 仍然可用，它包含了這個表格的儲存格）。

這些都非常地簡單和直覺，你考慮得越少，就越容易。總的來說，D3 只是做你期望它做的。這些功能都不是那麼地明顯（透過個別的函式），但是你可能會在程式碼和文件中找到對於「群組」的參考，這個名稱是對於共同父資訊的內部表示形式（具有共同父資訊的所有子項目共同組成了一個組）。

關於這個主題的更詳細資訊可以參考 Mike Bostock 的這兩篇部落格文章：*https://bost.ocks.org/mike/nest/* 與 *https://bost.ocks.org/mike/selection/*。

第四章

事件、互動、以及動畫

當使用瀏覽器進行渲染時，SVG 元素可以接受使用者的事件，而且可以作為一個整體進行操作（例如，改變它們的位置或外觀）。這表示，它們的行為就像是在 GUI 工具箱中的小工具一般。這樣的特色很令人振奮：可以把 SVG 當作是**圖形的小工具集**。本章將討論可以用來建立使用者介面重要功能的選項：互動與動畫。

事件

DOM 有一個重要的面向是它的**事件模型**（*event model*）：基本上任一 DOM 元素均可**接收事件**並呼叫相對應的處理程式。事件種類的數量非常多；對我們而言最重要的是使用者所產生的事件（滑鼠點擊或是移動，以及鍵盤按鍵事件；參見表 4-1）[1]。

1 請參閱 MDN Event Reference（*https://mzl.la/2vjreHZ*）檢視詳細資訊。

表 4-1 一些重要的使用者產生事件型態

函式	說明
click	在元素上的任何滑鼠按鈕點擊
mousemove	滑鼠的游標滑過元素
mousedown, mouseup	滑鼠按鈕在元素上被壓下、或是釋放
mouseenter, mouseleave	滑鼠游標被移入或是移出一個元素
mouseover, mouseout	滑鼠游標被移入或是移出一個元素，或是任一個它的子項目
keydown, keyup	任一鍵盤上的按鍵被按下或是釋放

D3 把事件處理程式作為 Selection 抽象層的一部份（參閱表 4-2）。假設 sel 是一個 Selection 的執行實例，那麼你可以使用以下的成員函式註冊一個 callback 作為指定事件種類的事件處理器：

```
sel.on( type, callback )
```

其中 type 參數必須是一個事件型態的字串（例如 "click"），任一 DOM 事件型態都可以使用。如果一個事件處理器已經被利用 on() 註冊到某一個事件型態，則會在新的事件處理器註冊之前先把舊的移除。為了明確地移除給定事件型態的事件處理器，可以在第二個參數中提供一個 null 值。要在相同的事件型態上註冊多個事件處理程式，在 type 名稱後可以附加上句點以及一個任意的標籤（如此 "click.foo" 的事件處理程式就不會覆蓋 "click.bar" 了）。

callback 是一個函式，它會在 selection 中的任一元素接收到指定的事件型態時被呼叫。callback 被呼叫的方式和任一其他的存取器在 selection 的作用範圍中被呼叫的方式是相同的，透過傳遞的資料點 d 綁定到目前的元素、目前 selection 中的元素索引 i 、以及在現有的 selection 中的節點，而 this 物件則是用來代表目前元素自身[2]。實際的事件執行實例不會被傳遞到 callback 中作為參數，但它在變數中是可用的：

```
d3.event
```

當事件發生時，此變數包含了原始的 DOM 事件執行實例（並非 D3 包裝器）。由事件物件本身提供的資訊和事件型態是相依的。如果是滑鼠事件，顯然在事件發生當時需要特

2 如果你想要在 callback 中存取這個，你必須使用 function 關鍵字去定義 callback；你不能使用箭號函式的方式。

別關注滑鼠游標的位置，此事件物件包含了滑鼠的 3 種不同座標系統的座標值[3]，但是它並沒有提供最有用的資訊，也就是相對於包含它的父元素位置。好在這個位置還是可以利用以下的方式取得：

```
((("d3.mouse() function")))d3.mouse( node )
```

這個函式以 2 維陣列 [x, y] 的方式傳回滑鼠的座標。這個參數須是封閉的容器元素（作為 DOM Node，而不是 Selection）。當使用 SVG 時，你可以提供任一個元素（作為 Node），然後函式將會計算相對於最近上層 SVG 元素的座標。

表 4-2 一些和事件處理相關的重要方法、變數、以及函式（sel 是 Selection 物件）

函式	說明
`sel.on( types, callback )`	對在 Selection 中的每一個元素新增或移除一個 callback。types 參數必須是一個字串，此字串由一個或多個事件型態的名稱所組成，型態之間以空白分隔。事件型態可以利用句點加上任意的標記，讓多個事件處理程式可以被註冊到一個事件型態中。 • 如果有指定 callback，它會被註冊成為事件處理程式：已經註冊的事件處理程式會先被移除。 • 如果 callback 參數是 null，所有已存在的處理程式均會被移除。 • 如果沒有設定 callback 參數，則會回傳目前設定的處理程式。
`d3.event`	如果有的話，會包含作為 DOM Event 物件目前的事件。
`d3.mouse( parent )`	傳回一個二元素陣列，此陣列包含相對於 parent 的滑鼠座標。
`sel.dispatch( type )`	指派指定型態的自訂事件到目前 selection 中的所有元素。

使用滑鼠探索圖形

對於資料分析者來說，這些功能提供一些令人振奮的機會，因為它們使得和圖形的互動變得更加地容易：把滑鼠指向圖形上的某一個點就可以取得關於這個資料點的額外資訊。舉個簡單的例子。如果你在範例 4-1 中呼叫這個函式，當提供 CSS 選擇器字串（參閱「CSS 選擇器」補充說明）以找出 <svg> 元素時，目前滑鼠游標的位置（以像素座標表示）就會被顯示在圖形裡面。而且，顯示的文字位置也不是固定的，而是會呈現在滑鼠游標所在的位置上。

3 它們分別是：screen，相對於實體螢幕邊界；client，相對於瀏覽器視窗邊界；以及 page，相對於文件本身的邊界。因為視窗是放置在 screen 上的，而 page 是在瀏覽器中捲動的，此三者通常都是不同的。

範例 4-1 設定 CSS 選擇器字串，當使用者移動滑鼠時，此函式將會持續地在滑鼠游標處顯示它的像素座標。

```
function coordsPixels( selector ) {
    var txt = d3.select( selector ).append( "text" );            ❶
    var svg = d3.select( selector ).attr( "cursor", "crosshair" ) ❷
        .on( "mousemove", function() {
            var pt = d3.mouse( svg.node() );                      ❸
            txt.attr( "x", 18+pt[0] ).attr( "y", 6+pt[1] )        ❹
                .text( "" + pt[0] + "," + pt[1] );
        } );
}
```

❶ 建立一個 `<text>` 元素用來顯示座標。把它宣告在事件處理程式外面非常重要，否則，在每次滑鼠移動時都會建立出新的 `<text>` 元素。

❷ 當滑鼠游標滑過 `<svg>` 元素時改變滑鼠游標的形狀。這一步驟不一定需要，但是它可以讓呈現出的效果（這同時也是為了展示滑鼠游標形狀可以透過屬性來變更；請參閱附錄 B）更好。

❸ 取得滑鼠的座標，相對於 `<svg>` 元素的左上角，使用的是 `d3.mouse()` 這個好用的函式。

❹ 更新之前建立的 text 元素。在此例中，包括顯示元素的文件內容以及它的位置均被更新：就放在滑鼠位置的右邊一些。

顯示滑鼠座標沒什麼特別的地方，但是，令人興奮的是可以看到要在 D3 中做到這樣的行為是*多麼地*簡單！

案例研究：同步地強調效果

下一個例子就有趣多了！它提出了一個在進行多變量資料集中常見的問題：如何連結兩個不同的視圖或是映射。有一個方法是在其中一個視圖中使用滑鼠去選擇資料點中的一個區域，同時在另外一個視圖中標記出相對應的那些資料點。圖 4-1 中，在兩個圖中相對應的那些資料點被依據它們和在*左圖*中滑鼠座標（像素座標）的距離*同時*被突顯標註出來。因為這個例子涉及到許多技巧，所以我們在這裡討論的是簡化過的版本（參閱範例 4-2）。

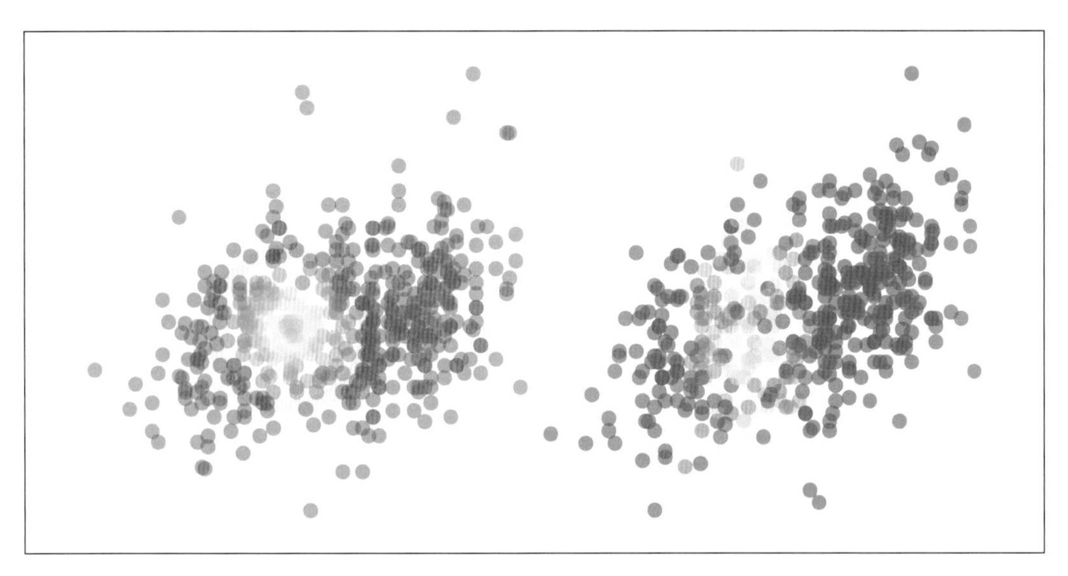

圖 4-1 屬於相同紀錄的資料點在兩個工作圖中被同步地標記，而標記的規則是基於在左側工作圖中滑鼠的游標位置

範例 4-2 圖 4-1 所使用的指令

```
function makeBrush() {
    d3.csv( "dense.csv" ).then( function( data ) {                ❶
        var svg1 = d3.select( "#brush1" );                         ❷
        var svg2 = d3.select( "#brush2" );
        var sc1=d3.scaleLinear().domain([0,10,50])                 ❸
            .range(["lime","yellow","red"]);
        var sc2=d3.scaleLinear().domain([0,10,50])
            .range(["lime","yellow","blue"]);

        var cs1 = drawCircles(svg1,data,d=>d["A"],d=>d["B"],sc1); ❹
        var cs2 = drawCircles(svg2,data,d=>d["A"],d=>d["C"],sc2);

        svg1.call( installHandlers, data, cs1, cs2, sc1, sc2 );   ❺
    } );
}

function drawCircles( svg, data, accX, accY, sc ) {
    var color = sc(Infinity);                                      ❻
    return svg.selectAll( "circle" ).data( data ).enter()
        .append( "circle" )
        .attr( "r", 5 ).attr( "cx", accX ).attr( "cy", accY )
        .attr( "fill", color ).attr( "fill-opacity", 0.4 );
}
```

範例 *4-2* 圖 *4-1* 所使用的指令（續）

```
function installHandlers( svg, data, cs1, cs2, sc1, sc2 ) {
    svg.attr( "cursor", "crosshair" )
        .on( "mousemove", function() {
            var pt = d3.mouse( svg.node() );

            cs1.attr( "fill", function( d, i ) {                  ❼
                var dx = pt[0] - d3.select( this ).attr( "cx" );
                var dy = pt[1] - d3.select( this ).attr( "cy" );
                var r = Math.hypot( dx, dy );

                data[i]["r"] = r;                                  ❽
                return sc1(r); } );                                ❾

            cs2.attr( "fill", (d,i) => sc2( data[i]["r"] ) ); } ) ❿

        .on( "mouseleave", function() {
            cs1.attr( "fill", sc1(Infinity) );                     ⓫
            cs2.attr( "fill", sc2(Infinity) ); } );
}
```

❶ 載入資料集並設定在資料準備好時即可呼叫的 callback 函式（參閱第 6 章關於取得資料的更多資訊）。此檔案包含三個欄位，分別是 A、B、和 C。

❷ 選取圖形的兩個面板。

❸ D3 可以在顏色之間填入平滑的插補值。在此，我們建立兩個顏色梯度（兩個面板各一個，參閱第 7 章以學習到更多關於插補值和 scale 物件）。

❹ 建立用來呈現資料點的圓形。新建立的圓形被回傳為 Selection 物件。依照一般 D3 的慣例，藉由存取器函式的設定由欄位來進行函式的呼叫。

❺ 呼叫 installHandlers() 函式註冊事件處理器。此行程式碼使用 call() 方式去呼叫 installHandlers() 函式，提供 svg1 selection 以及接下來的參數作為引數（我們已經在範例 2-6 中使用過此種方式：也會在第 5 章中討論關於「元件（*component*）」的部份）。

❻ 一開始，圓被使用「maximum」顏色來繪製。為了找到這個顏色，在 infinity 上計算顏色的 scale。

❼ 對於左例面板的每一個點，計算它和滑鼠游標的距離…

❽ …並儲存它，把它作為在資料集裡面一個額外的欄（這將會成為我們在這張圖中 2 個面板間溝通的機制）。

❾ 從顏色梯度中傳回正確的顏色。

❿ 使用在資料集裡額外的欄位去設定在右側面板中點的顏色。

⓫ 當滑鼠離開左側面板時，恢復資料點原來的顏色。

此版本的程式用在解決一開始提出的問題還不錯。installHandlers() 函式的改良版本被放在範例 4-3 中，範例 4-3 讓我們在編寫此類型的使用者介面程式碼時，可以探討一些額外的技巧。

範例 4-3 範例 4-2 中 installHandlers() 函式的改良版本

```
function installHandlers2( svg, data, cs1, cs2, sc1, sc2 ) {
    var cursor = svg.append( "circle" ).attr( "r", 50 )               ❶
        .attr( "fill", "none" ).attr( "stroke", "black" )
        .attr( "stroke-width", 10 ).attr( "stroke-opacity", 0.1 )
        .attr( "visibility", "hidden" );                              ❷

    var hotzone = svg.append( "rect" ).attr( "cursor", "none" )       ❸
        .attr( "x", 50 ).attr( "y", 50 )
        .attr( "width", 200 ).attr( "height", 200 )
        .attr( "visibility", "hidden" )                               ❹
        .attr( "pointer-events", "all" )

        .on( "mouseenter", function() {                               ❺
            cursor.attr( "visibility", "visible" ); } )

        .on( "mousemove", function() {                                ❻
            var pt = d3.mouse( svg.node() );
            cursor.attr( "cx", pt[0] ).attr( "cy", pt[1] );

            cs1.attr( "fill", function( d, i ) {
                var dx = pt[0] - d3.select( this ).attr( "cx" );
                var dy = pt[1] - d3.select( this ).attr( "cy" );
                var r = Math.hypot( dx, dy );

                data[i]["r"] = r;
                return sc1(r); } );

            cs2.attr( "fill", (d,i) => sc2( data[i]["r"] ) ); } )

        .on( "mouseleave", function() {
            cursor.attr( "visibility", "hidden" );
            cs1.attr( "fill", sc1(Infinity) );
            cs2.attr( "fill", sc2(Infinity) ); } )
}
```

❶ 在這個版本中，實際滑鼠游標本身被隱藏起來，取而代之的是一個大的、部份透明的圓形。在此圖中的點會被強調標示。

❷ 一開始的時候圓形是看不到的，它只有在滑鼠指標進入了「熱區」之後才會顯示出來。

❸ 「熱區」被定義成一個在左側工作區中的矩形區域。此事件驅動器被註冊在這個矩形上，表示只有當滑鼠游標在矩形裡面時，它們才會被呼叫。

❹ 此矩形在視圖中是看不到的。然而預設的情況是，當 DOM 元素的 `visibility` 屬性被設為 `hidden` 時，那麼它就不會接收滑鼠指標的事件。為了克服此點，`pointer-events` 屬性必須要明確設定（另外一個要讓元素看不見的方法是把它的 `fill-opacity` 設為 `0`，如果是這樣，就不需要去修改 `pointer-events` 屬性了）。

❺ 當滑鼠進入「熱區」，此不透明的圓形就會被作為指標來顯示。

❻ `mousemove` 以及 `mouseleave` 事件處理程式和範例 4-2 中的是一樣的，除了在此多了額外的指令去更新把圓形當作游標使用的部份之外。

在這個例子中使用活躍「熱區」的方式當然是可選用的額外功能，但是它展示了一個有趣的技術。同時，`pointer-events` 屬性的探討建議了此種使用者介面的程式設計可能包含了預期之外的挑戰。我們將在下一個例子之後回到此點。

D3 拖曳行為元件

許多通用的使用者介面範式是由許多事件和回應所組成的：例如，在拖放（drag-and-drop）模式中，使用者先選擇一個項目，移動它，然後再把它釋放。D3 包含一系列預先定義的*行為元件*可以簡化此種類型使用者介面的程式碼設計，只要透過綁定和組織需要的動作即可。此外，這些元件也一致化了一些使用者介面的細節。

考慮像是在圖 4-2 中的情況，如以下的 SVG 程式碼片段所示：

```
<svg id="dragdrop" width="600" height="200">
  <circle cx="100" cy="100" r="20" fill="red" />
  <circle cx="300" cy="100" r="20" fill="green" />
  <circle cx="500" cy="100" r="20" fill="blue" />
</svg>
```

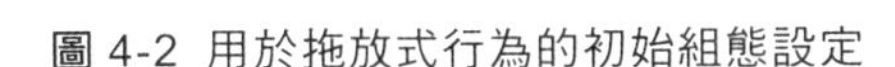

圖 4-2 用於拖放式行為的初始組態設定

現在我們讓使用者可以透過滑鼠來改變這些圖形的位置。我們熟悉的拖放式操作要藉由 `mousedown`、`mousemove`、以及 `mouseup` 事件註冊回呼函式來達成並不困難，但在範例 4-4 中使用的是 D3 的 `drag` 行為元件。如同我們在範例 2-6 中所解釋的，元件是一個函式物件，此物件取得 `Selection` 實例，把它作為引數，然後把 DOM 元素加到這個 `Selection`（請參閱第 5 章）。行為元件是在 DOM 樹中安裝了回呼函式的元件。同時，它也是具有成員函式的一個物件。這個列表使用了 drag 元件的 `on( type, callback )` 成員函式去為不同的事件型態指定回呼函式。

範例 4-4 使用拖放行為

```
function makeDragDrop() {
    var widget = undefined, color = undefined;

    var drag = d3.drag()                                          ❶
        .on( "start", function() {                                ❷
            color = d3.select( this ).attr( "fill" );
            widget = d3.select( this ).attr( "fill", "lime" );
        } )
        .on( "drag", function() {                                 ❸
            var pt = d3.mouse( d3.select( this ).node() );
            widget.attr( "cx", pt[0] ).attr( "cy", pt[1] );
        } )
        .on( "end", function() {                                  ❹
            widget.attr( "fill", color );
            widget = undefined;
        } );

    drag( d3.select( "#dragdrop" ).selectAll( "circle" ) );       ❺
}
```

❶ 使用 `d3.drag()` 工廠函式（factory function）建立一個 `drag` 函式物件，然後在回傳的函式物件上呼叫 `on()` 成員函式以註冊需要的回呼函式。

❷ `start` 處理程式儲存被選擇到的圓形之當前顏色；然後變更此圓形的顏色，並把此圓形本身（作為一個 `Selection`）設定為 `widget`。

❸ drag 事件處理程式擷取目前的滑鼠座標，然後把選取到的圓形移動到這個位置。

❹ end 事件處理程式回復目前圓形的顏色，並清除作用中的 widget。

❺ 最後，呼叫 drag 元件的操作，提供一個包含 circle 的 selection，讓這個圓形安裝已經配置好的事件處理程式到 selection 上。

更常用來表達這樣作法的方法是使用 call() 函式，而不是用明顯的方式來呼叫元件的操作，如下：

```
d3.select( "#dragdrop" ).selectAll( "circle" )
    .call( d3.drag()
            .on( "start", function() { ... } )
            .on( "drag", function() { ... } )
            .on( "end", function() { ... } ) );
```

在範例 4-4 中的事件名稱可能會有些令人驚訝：這些不是標準的 DOM 事件，而是 D3 的虛擬事件。D3 的 drag 行為結合了包括滑鼠和觸控面板事件處理。在內部，start 虛擬事件對應到 mousedown 或是 touchstart 事件，drag 以及 end 也類似。再者，drag 行為預防了瀏覽器對某特定事件型態的**預設動作**[4]。D3 包含額外的行為以協助當使用滑鼠選了圖形的部份時的縮放作業。

使用者介面程式設計的注意事項

希望到目前為止的例子能夠讓讀者瞭解到使用 D3 來建立互動式圖形並不是件困難的事。事實上，我相信 D3 會讓這些作業更容易實現，就算是一些臨時的一次性任務與探索也都沒問題。同時，正如同前面那個範例所展現的，圖形使用者介面程式設計還是一個相對上來說較複雜的問題。許多的元件，每一個都有它自己的規則，彼此間也可能會以非預期的方式共同使用與互動。瀏覽器可能會有它們不同的實作程度。以下有一些提醒以及潛在的驚喜提供給讀者參考（也可以參閱附錄 C，檢視關於 DOM 事件處理程式的背景資訊）：

- 在同一個 Selection 實例之相同的事件型態上重複呼叫 on() 會互相破壞，在事件上新增一個唯一的標籤到同一個事件型態上（以句號來分隔）可以用來註冊多個事件處理程式。

4 如果你試著不使用 D3 drag 功能去實作目前的這個例子，你可能偶爾地會觀察到非預期的使用者介面行為。這有可能會是瀏覽器被打算採取的行為進行干擾的預設動作。補救的方法是在 mousemove 處理程式中呼叫 d3.event.preventDefault()。更多的資訊請參閱附錄 C。

- 如果想要在一個回呼函式或存取器函式中存取 `this`，你必須使用 `function` 這個關鍵字，不能使用 arrow 函式。這是 JavaScript 語言的限制（請參閱附錄 C）。這些例子可以在範例 4-2 以及 4-3 中的 `installHandlers()` 函式中找到，它在範例 4-4 中也出現了幾次。

- 瀏覽器預設的行為可能會影響到你的程式碼，你可能必須要很明確地預防此點。

- 通常，只有看得見的以及上了顏色的元素可以接收滑鼠指標事件。`visibility` 屬性被設為 `hidden` 的元素，或是 `fill` 和 `stroke` 都被設為 `none` 的，預設並不會接收滑鼠事件。使用 `pointer-events` 屬性可以更精細地控制以克服此種情形，讓這些元素也可以接收到事件（參閱 MDN Pointer-Events（*https://mzl.la/2UyjmN7*））。

- 基於相同的精神，`<g>` 元素是不可見的，因此它沒辦法產生指標事件。但是我們仍然可以在 `<g>` 元素上註冊一個事件處理程式，因為事件可以由任一個它的可視子項目產生，然後再委派給它（使用一個看不見的矩形或是其他的形狀定義一個作用中的「熱區」，就像是在範例 4-3 中一樣）。

平滑地 Transition 動態效果

用來回應事件的一個明顯方式是在圖形的外觀或是配置上套用一些改變（例如，展現改變前和改變後的效果）。在此種情形下，我們希望讓變化優雅一些而不是瞬間改變，讓使用者可以感受到變化的發生，讓他更可以注意到額外的細節。例如，使用者現在可以辨識出哪些資料點是在改變之後受影響最多的，以及它是如何改變的（參閱圖 3-3 及範例 3-1）

D3 `Transition` 功能可以很方便地幫你做所有的事。它複製了大部份的 `Selection` API，你可以就像是之前一樣使用 `attr()` 或是 `style()` 來變更被選擇到的元素之外觀（參閱第 3 章）。但是現在新的設定並不會立即就顯現出效果，而是很優雅平順地在一段時間內進行變化（請參考之前的範例 2-8）。

在內部，D3 建立以及排程需要的**中間配置**，以讓這些變化可以在設定的時間內平順地進行。為了做到此點，D3 呼叫一個**插補器**（*interpolator*）來建立在開始端和結束端之間所需要的中間值配置。D3 的插補功能相當地聰明而且可以自動地套用在大部份的類型上（像是數字、日期、顏色、嵌入文字的數字等等，請參閱第 7 章檢閱更詳細的說明）。

建立以及配置 Transition

建立轉換的流程很簡單（參閱表 4-3）：

1. 在建立一個 transition 之前，要確定資料都已被綁定到所有的元素上，這些元素是要進行 transition 的一部份（使用 `append()` 或是 `insert()`），甚至就算它們一開始是被設為看不見的（`Transition` API 可以讓我們變更以及移除元素，但是它並不提供建立元素作為 transition 的一部份）！

2. 現在，使用你熟悉的 `Selection` API 來選取想要變更的元素。

3. 在這個 selection 上呼叫 `transition()` 以建立一個 transition。你也可以呼叫 `duration()`、`delay()`、或是 `ease()` 更進一步地控制它的行為。

4. 如往常一樣使用 `attr()` 或是 `style()` 設定想要的結束狀態。D3 將會建立目前值和指定的結束狀態之間的中間值配置，並套用它們到 transition 的變換進程中。

通常，這些命令將會是事件處理程式的一部份，使得 transition 會在一個適當的事件發生時觸發。

表 4-3 用來建立以及結束一個 transition 的函式（sel 是一個 Selection 物件；trans 是一個 Transition 物件）

函式	說明
`sel.transition( tag )`	在接收的 selection 中傳回一個新的 transition。額外的引數可以是一個字串（用來識別以及區分這個在 selection 上的 transition）或是一個 `Transition` 實例（用來同步 transition）。
`sel.interrupt( tag )`	使用 tag 中的字串選取元素，停止這些元素作用中的 transition，並取消任何排程中的 transition（interrupts 並不會被傳遞到選中元素的子項目）
`trans.transition()`	傳回在同一個選中元素中的新 transition 作為接收的 transition，它被排程到當目前的 transition 結束時就開始。新的 transition 繼承了目前 transition 的配置。
`trans.selection()`	傳回一個 transition 的 selection。

除了期望的終端配置之外，`Transition` 也讓我們可以使用不同的面向組態它的行為（參考表 4-4）。這些行為均有它們合理的預設值，但是仍然可以額外地進行設定：

- *delay* 必須在變更開始之前傳遞過去才會發生作用。

- *duration* 的設定將會逐漸地變更。

- *ease* 可以控制改變的速率讓它不同於 transition 的 duration（做出「ease into」以及「out of」的動畫效果）。在預設的情況下，ease 可以做出三次曲線方程式的漸變效果（「slow-in, slow-out」）。
- *interpolator* 用來計算出中間值（這其實很少用，因為預設的 inerpolator 處理程式可以自動地應付大部份的情況）。
- *event handler* 可以在 transition 開始、結束、或是中斷時執行自訂的程式。

表 4-4 用來配置 transition 或是在沒有加上引數呼叫時取得目前設定的函式（trans 是 Transition 物件）

函式	說明
`trans.delay( value )`	在 selection 中的每個元素之 transition 開始前設定 delay 值（毫秒）；預設值是 0。delay 可以給定一個常數或是一個函式。如果提供的是函式，此函式將會在每一個元素中，transition 開始之前被呼叫一次，所以函式在被呼叫時要傳回一個想要的 delay。此函式會接收到元素的資料，取得它在 selection 中的資料 `d` 和它的索引值 `i`。
`trans.duration( value )`	以毫秒作為單位設定在 selection 中每一個元素 transition 的 duration；預設值是 250 毫秒。duration 的引數可以是常數也可以是函式。如果提供的是函式，此函式將會在每一個元素中，在 transition 開始之前被呼叫一次，所以函式在被呼叫時要傳回一個想要的 duration。這個函式會接收到元素的資料，取得它在 selection 中的資料 `d` 和它的索引值 `i`。
`trans.ease( fct )`	為每一個選取到的元素設定 ease 函式。ease 函數的引數需要是一個函式，此參數介於 0 和 1 之間，並傳回也是介於 0 到 1 之間的數值。預設的 ease 函數是 `d3.easeCubic`（它是一個分段定義的立方多項式，提供「slow-in, slow-out」行為）。
`trans.on( type, handler )`	在 transition 上新增一個事件處理程式。type 必須是 `start`、`end`、或是 `interrupt`。此事件處理程式會在 transition 生命週期中的適當處呼叫（此函式的行為和 `Selection` 物件上的 `on()` 函式類似）。

使用 Transition

`Transition` API 複製了大部份的 `Selection` API。尤其是，所有來自於表 3-2 的函式（也就是 `select()`、`selectAll()`、`filter()`）都是可用的。表 3-4 中，`attr()`、`style()`、`text()`、以及 `each()` 也可以，還有表 3-5 中除了 `append()`、`insert()`、以及 `sort()` 之外的所有函式（正如我們在之前指出的，在 transition 中共用的所有元素必須在 transition 建立之前就存在了。基於同樣的理由，表 3-3 中用來綁定資料的函式對於 transition 來說都是不存在的）。

基本的 transition 使用起來很直接，正如我們已經在前面章節的例子（範例 3-1）中看到的一樣。在範例 4-5 中的應用也很簡單，但是效果卻更加複雜：一個長條圖會隨著新的資料而更新，但是具有交錯的效果（使用 `delay()`），因此所有的長條並不會在同一個時間一起改變。

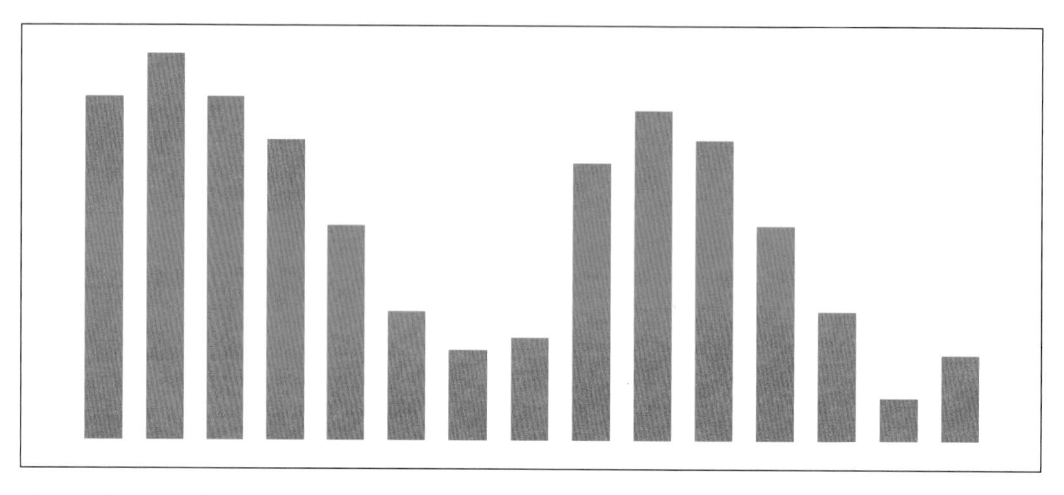

圖 4-3 當這個長條圖隨著新的資料集更新時，更新的動作會從左邊開始一直進行到右邊。

範例 4-5 使用 transitions（參考圖 4-3）

```
function makeStagger() {
    var ds1 = [ 2, 1, 3, 5, 7, 8, 9, 9, 9, 8, 7, 5, 3, 1, 2 ];      ❶
    var ds2 = [ 8, 9, 8, 7, 5, 3, 2, 1, 2, 3, 5, 7, 8, 9, 8 ];
    var n = ds1.length, mx = d3.max( d3.merge( [ds1, ds2] ) );      ❷

    var svg = d3.select( "#stagger" );

    var scX = d3.scaleLinear().domain( [0,n] ).range( [50,540] ); ❸
    var scY = d3.scaleLinear().domain( [0,mx] ).range( [250,50] );

    svg.selectAll( "line" ).data( ds1 ).enter().append( "line" )  ❹
        .attr( "stroke", "red" ).attr( "stroke-width", 20 )
        .attr( "x1", (d,i)=>scX(i) ).attr( "y1", scY(0) )
        .attr( "x2", (d,i)=>scX(i) ).attr( "y2", d=>scY(d) );

    svg.on( "click", function() {                                 ❺
        [ ds1, ds2 ] = [ ds2, ds1 ];                              ❻
        svg.selectAll( "line" ).data( ds1 )                       ❼
            .transition().duration( 1000 ).delay( (d,i)=>200*i )  ❽
            .attr( "y2", d=>scY(d) );                             ❾
    } );
}
```

❶ 定義兩個資料集。為了保持簡單，資料集中只包含 y 值；我們將使用陣列索引作為它們的水平座標。

❷ 取得資料點的數量，以及在兩個資料集裡面最大的資料值。

❸ 建立兩個比例尺物件用來映射資料集的值到垂直座標，而它們在陣列中的索引值則是映射到像素座標中的水平軸。

❹ 建立 bar 圖表。每一個「bar」就是一個寬的線條（而不是 `<rect>` 元素）。

❺ 為 `"click"` 事件註冊事件處理程式。

❻ 交換資料集。

❼ 把（更新過的）資料集 `ds1` 綁定到 selection…

❽ …然後建立一個 transition 實例。每一個 bar 都會花費 1 秒鐘才達到它的新尺寸，但是設定在 *delay* 後才開始。delay 視每一個 bar 的水平位置來決定，從左到右愈來愈多。如此就可以讓「更新」的效果看起來有從左到右橫跨圖表的感覺。

❾ 最後，為每一個線條設定新的垂直高度。這是為了 transition 的最終點狀態而設的。

提示與技巧

並非所有 transition 都像我們目前看到的例子這麼直覺。以下是一些額外的提示或技巧，提供給讀者參考：

字串：D3 預設的插補器會對在字串中的數字進行插補，但是會把其餘的字串部份留下，因為它們沒有一個有用的方式在文字之間進行插補。想在文字之間達成平順 transition 最好的方式是在**兩個**字串之間的相同位置進行淡入與淡出效果。假設我們有如下的兩個 `<text>` 元素：

```
<text id="t1" x="100" y="100" fill-opacity="1">Hello</text>
<text id="t2" x="100" y="100" fill-opacity="0">World</text>
```

你可以藉由改變它們的 opacity 來達成此效果（可以改變 transition 的 duration）：

```
d3.select("#t1").transition().attr( "fill-opacity", 0 );
d3.select("#t2").transition().attr( "fill-opacity", 1 );
```

在此例中另外一個可行的方法是撰寫一個自訂的插補器來產生字串的中間值。

transition 的串鏈：transition 可以使用方法鏈串接起來，如此就可以在一個 transition 結束之後再開始另外一個。後續的 transition 會繼承早先 transition 的 duration 以及 delay（除非它們有被明顯地覆寫）。以下的程式碼將會把被選中的元素的第一個變成紅色，然後再變成藍色：

```
d3.selectAll( "circle" )
    .transition().duration( 2000 ).attr( "fill", "red" )
    .transition().attr( "fill", "blue" );
```

明確的啟始配置：除非你打算使用自訂插補器（參閱下一項目），否則明確地設定啟始配置是很重要的。例如，不要依賴 `fill` 屬性的預設值（黑色）：除非這個 `fill` 屬性已明顯地設定了，預設的插補器會不知道如何去做。

自訂的插補器：使用在表 4-5 中的方法，可以*自訂*一個在 transition 期間的*插補器*。這個方法可以設定一個取得*工廠函式*作為引數的插補器。當 transition 開始時，工廠函式會在每一個 selection 中的元素裡被呼叫，傳遞綁定的資料 `d` 和元素中的索引 `i`，把它設定給目前的 DOM Node。此函式必須傳回一個插補器函式，此插補器函式必須接受一個介於 0 到 1 之間的數值引數，而且要傳回一個在啟始和結束配置之間適當的中間值。以下的程式碼使用了一個簡單的自訂顏色插補器，它沒有使用 ease 效果（參考第 8 章以學到在 D3 中操作色彩更多彈性的方法）：

```
d3.select( "#custom" ).selectAll( "circle" )
    .attr( "fill", "white" )
    .transition().duration( 2000 ).ease( t=>t )
    .attrTween( "fill", function() {
        return t => "hsl(" + 360*t + ", 100%, 50%)"
    } );
```

下一個例子更有趣，它在圖中的位置 (100, 100) 上建立一個置中的矩形，然後以中心點為基準平滑地轉動（D3 預設的插補器可以理解一些 SVG 的轉換，但是此例展現的是如何在此例子中編寫自己需要使用的自訂插補器）。

```
d3.select( "#custom" ).append( "rect" )
    .attr( "x", 80 ).attr( "y", 80 )
    .attr( "width", 40 ).attr( "height", 40 )
    .transition().duration( 2000 ).ease( t=>t )
    .attrTween( "transform", function() {
        return t => "rotate(" + 360*t + ",100,100)"
    } );
```

Transition 事件：transition 會在它們開始、結束、或是中斷時觸發自訂事件。使用 `on()` 方法，你可以在 transition 上註冊一個事件處理程式，它就會在適當的時機點觸發時被呼叫到（詳閱 D3 參考說明文件：*https://github.com/d3/d3/blob/master/API.md*）。

Easings：使用 `ease()` 方法，你可以指定一種緩移效果。緩移效果的目的是使用插補器去「拉扯」或是「壓縮」呈現的時間，讓動畫可以用緩進或緩出的效果。這是經常用來強調動畫的視覺效果。「slow-in, slow-out」已經被迪士尼的動畫人員視為「動畫的 12 項基本準則」之一（參閱「動畫的原則」補充說明）。但在其他時候，當它們在使用上不是那麼符合使用者對於物體期待的行為時，緩移效果可能會造成一些混亂。有時候，效果運用的拿捏是很微妙的。

緩移效果使用介於 [0, 1] 之間的參數，然後把它映射到相同的區間，從 0 開始設定 $t = 0$，到 1 時設定 $t = 1$。這項映射一般來說是非線性的（否則，此效果就沒有什麼不同）。預設的緩進函數是 `d3.easeCubic`，它是緩進及緩出行為的實作版本。

技術上，緩進效果就是一個單純的映射操作，它套用時間參數 t 到插補器中。這使得緩進效果和插補器有些差別。如果一個自訂的插補器本身就以非線性的方法來管理時間參數呢？從一個特別的點來看，它似乎是利用標準插補器來實作緩進緩出行為的一個很好的方法（D3 包含很多令人困惑的不同種類 easing，有一些被認為模糊到應該被視為是自訂插補器才對）。

不要過度使用 transition：transition 容易被過度使用。transition 比較一般的問題是它們通常不能被使用者打斷：這樣的結果等於是讓使用者被強迫等待而造成挫折。當 transition 被用來讓使用者可以追蹤一個改變的效果時，是可以被理解的（參考範例 3-3 的例子）。但是，當它們只是被用來展現效果，那麼在一次過後很快就會覺得厭煩（圖 4-3 可以視為是在此種精神下的一個令人警惕的例子）。

表 4-5 設定自訂插補器的方法（trans 是 Transition 物件）

函式	說明
`trans.attrTween( name, factory )`	設定屬性名稱是 name 的自訂插補器，第二個引數必須是可以傳回插補器的工廠方法。
`trans.styleTween( name, factory )`	設定樣式名稱是 name 的自訂插補器。第二個引數必須是可以傳回插補器的工廠方法。
`trans.tween( tag, factory )`	在 transition 的期間設定一個用來被呼叫的自訂插補器。第一個引數是一個任意標籤，用來識別這個插補器，第二個引數必須是可以傳回插補器的工廠方法。此插補器的效果並沒有限制；它會被呼叫純粹只是為了它的副作用。

動畫的原則

華特迪士尼公司的傳統動畫師確立了「動畫的十二條基本準則」，用來創作可靠且引人入勝的動畫。當然，雖然這些原則不是為了資訊視覺化而講的，但是許多看起來還是相對地，或者是說，值得作為在呈現資訊時的參考，儘管其中有一些是非常普遍的方式（像是「Staging」、「Exaggeration」、以及「Appeal」）。但值得注意的是，其中有四條強調了 ease 在動畫中的重要性（最明顯的是「緩進、緩出」，但是間接地也還有「Anticipation」、「Follow-Through」、以及「Squash-andStretch」）。你可以利用範例 4-5 的應用來進行實驗，看看使用 easing 和 timing（十二條準則的另外一個）的整體效果如何。

進階閱讀：

- *The Illusion of Life*；*Disney Animation* by Ollie Johnston and Frank Thomas（Disney Editions, 1995）。
- 線上精簡版本：*FrankandOllie.com*（*http://bit.ly/2VroLd6*）。
- 也可以參閱維基百科的條目（*http://bit.ly/2Zx6Wc3*）。

計時器事件動畫

transition 是從一個組態轉換成另外一個組態的便利技巧，但是它們主要的工作並不是用來作為一般動畫的框架。要建立動畫，通常必須使用較為低階的工具來操作。D3 包含了一些特殊的計時器可以在**每一個動畫框中**呼叫給定的回呼函式，也就是，每次瀏覽器打算要重繪頁面時就會進行呼叫。時間間隔並沒辦法調整，因為它是由瀏覽器的重繪速率（大部份的瀏覽器都是大約每秒 60 次，或是每 17 毫秒一次）來決定的。它並不是那麼地精準；回呼函式會被傳遞一個高精確度的時間戳記，可以被用來瞭解從上次呼叫到現在經過了多少時間（參考表 4-6）。

表 4-6 用於建立及使用計時器的函式和方法（t 是計時器物件）

函式	說明
d3.timer(callback, after, start)	傳回一個新的計時器實例。此計時器將會在每一個動畫框中呼叫一次 callback。當被呼叫時，會傳遞一個自計時器啟動後到目前為止所經過的時間給 callback（此時間在視窗或分頁處於背景時並不會持續計時）。數值參數 start 可以包含一個時間戳記，它是由 d3.now() 在計時器被排定開始時傳回的值，另一個數值參數 after 可以包含一個 delay，以毫秒為單位，它會被加入到啟始時間中（預設值為 0）。
d3.timeout(callback, after, start)	和 d3.timer() 一樣，除了 callback 將會被呼叫剛好一次之外。
d3.interval(callback, interval, start)	類似 d3.timer()，除了這個 callback 將會被在經過每個 interval 毫秒時觸發呼叫之外。
t.stop()	停止計時器。如果計時器已經是停止的，就不會有任何作用。
d3.now()	以毫秒為單位傳回目前的時間。

範例：即時動畫

範例 4-6 建立了一個藉由在每一次瀏覽器重繪更新圖形時動態繪製的平順動畫。此圖形（參考圖 4-4 的左側）繪製了一個線條（李沙育曲線[5]），展現的方式是隨著時間緩慢的淡入淡出。相較於大部份其他的例子，這裡的程式碼並未使用資料綁定一主要是因為沒有資料集需要綁定！取而代之的，在每一個時間步驟中，曲線的下一個位置是透過計算得到的，然後一個新的 `<line>` 元素就會從前面那個位置加到圖形的新位置中。所有元素的 opacity 會以一個常數因子逐步減少，並會慢慢降到最終看不見之後把元素從圖形中移除。opacity 的當前值會被儲存在 DOM Node 本身一個新的「bogus」屬性項中。這是可選用的。你可以把這個值放在不同的資料結構中，再以每一個 node 來作為索引的鍵（例如，使用 `d3.local()`，它主要就是設計於此種用途），或是使用 `attr()` 查詢當前值，更新、並重設它。

範例 4-6 即時動畫（圖 4-4 的左側）

```
function makeLissajous() {
    var svg = d3.select( "#lissajous" );

    var a = 3.2, b = 5.9;                 // Lissajous frequencies
    var phi, omega = 2*Math.PI/10000;     // 10 seconds per period
```

5 參閱：*http://mathworld.wolfram.com/LissajousCurve.html*。

範例 4-6 即時動畫（圖 4-4 的左側）（續）

```
    var crrX = 150+100, crrY = 150+0;
    var prvX = crrX, prvY = crrY;

    var timer = d3.timer( function(t) {
        phi = omega*t;
            crrX = 150+100*Math.cos(a*phi);
            crrY = 150+100*Math.sin(b*phi);

            svg.selectAll( "line" )
                .each( function() { this.bogus_opacity *= .99 } )
                .attr( "stroke-opacity",
                       function() { return this.bogus_opacity } )
                .filter( function() { return this.bogus_opacity<0.05 } )
                .remove();

            svg.append( "line" )
                .each( function() { this.bogus_opacity = 1.0 } )
                .attr( "x1", prvX ).attr( "y1", prvY )
                .attr( "x2", crrX ).attr( "y2", crrY )
                .attr( "stroke", "green" ).attr( "stroke-width", 2 );

            prvX = crrX;
            prvY = crrY;

            if( t > 120e3 ) { timer.stop(); } // after 120 seconds
    } );
}
```

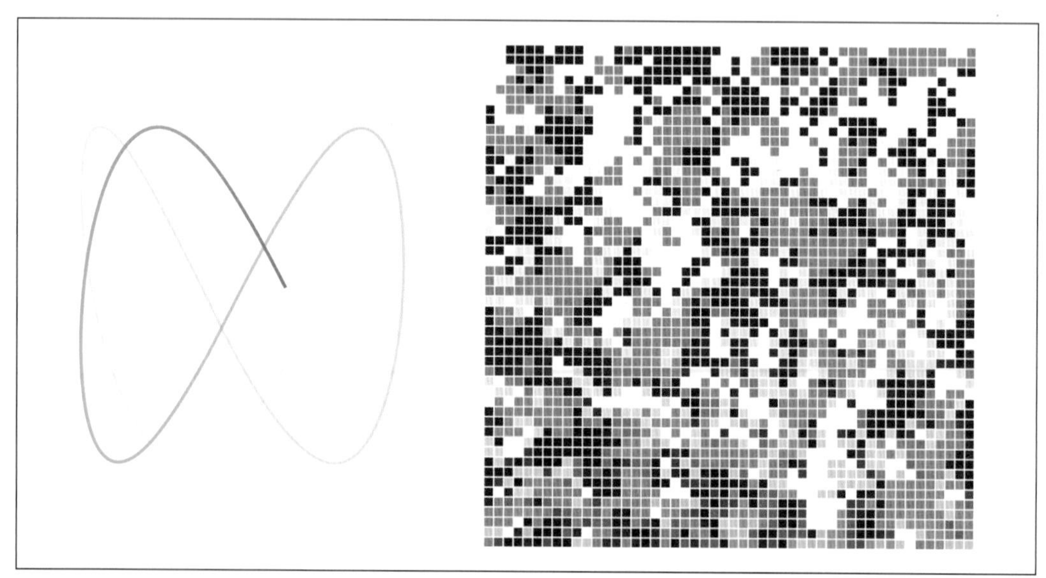

圖 4-4 動畫：李沙育圖（左側，參考範例 4-6），以及 voter 模型（右側，參考範例 4-7）

範例：transition 的平順定期更新

在前面的例子中，每一個新的資料點會在即時計算之後顯示在圖形上，但這並不總是可以做到的。想像假設需要存取一個來自於遠端伺服器的資料，你可能想要它定期地查詢這些資料，但是並不可能在每一次重繪時做到。在任何情況下，遠端資料的擷取操作都是非同步的，因此需要有相對應的處理程式才行。

在此種情況下，transition 可以幫助我們建立一個比較好的使用者體驗，讓資料來源在更新的過程可以在一段時間內平順地變化。在範例 4-7 中，為了保持簡單，遠端伺服器已經被一個本地端的函式取代，但是大部份的概念有留了下來。此例實作了一個簡單的 *voter model*:[6]，在每一個時間步驟中，每一個圖形元素隨機地選擇它的 8 個鄰接點之一，然後採用它的顏色。更新函式每隔幾秒鐘就會被呼叫：D3 transition 用來讓更新時變得比較平順（參考圖 4-4 的右側）。

範例 4-7 使用 transition 讓固定時間的更新變得平順（請看圖 4-4 的右側）

```
function makeVoters() {
    var n = 50, w=300/n, dt = 3000, svg = d3.select( "#voters" );

    var data = d3.range(n*n)                                    ❶
        .map( d => { return { x: d%n, y: d/n|0,
                              val: Math.random() } } );

    var sc = d3.scaleQuantize()                                 ❷
        .range( [ "white", "red", "black" ] );

    svg.selectAll( "rect" ).data( data ).enter().append( "rect" ) ❸
        .attr( "x", d=>w*d.x ).attr( "y", d=>w*d.y )
        .attr( "width", w-1 ).attr( "height", w-1 )
        .attr( "fill", d => sc(d.val) );

    function update() {                                         ❹
        var nbs = [ [0,1], [0,-1], [ 1,0], [-1, 0],
                    [1,1], [1,-1], [-1,1], [-1,-1] ];
        return d3.shuffle( d3.range( n*n ) ).map( i => {
            var nb = nbs[ nbs.length*Math.random() | 0 ];
            var x = (data[i].x + nb[0] + n)%n;
            var y = (data[i].y + nb[1] + n)%n;
            data[i].val = data[ y*n + x ].val;
        } );
    }
```

6 請參閱 *http://mathworld.wolfram.com/VoterModel.html*。

範例 *4-7* 使用 *transition* 讓固定時間的更新變得平順（請看圖 *4-4* 的右側）（續）

```
    d3.interval( function() {                                    ❺
        update();
        svg.selectAll( "rect" ).data( data )
            .transition().duration(dt).delay((d,i)=>i*0.25*dt/(n*n))
            .attr( "fill", d => sc(d.val) ) }, dt );
}
```

❶ 建立一個 n^2 物件陣列。每一個物件都有一個介於 0 到 1 之間的亂數值，並給予它們在方塊中的 *x*、*y* 座標（`d/n|0` 運算式是用來取得整數的簡寫法：「位元等級的 OR」運算子強制它的運算元變成整數表示法，在處理過程中把小數點去除，這是 JavaScript 程式語言應該要知道的慣例）。

❷ 由 `d3.scaleQuantize()` 函式回傳的物件是 *binning scale* 的一個實例，它會把輸入域的值分割成相同大小的箱子。在此，預設的輸入域 `[0,1]` 會被分割到三個相同大小的箱子，每一個箱子分配一個顏色（請參閱第 7 章關於比例尺物件更多的細節）。

❸ 綁定資料集，並為在資料集中的每一筆紀錄建立一個矩形。每一個資料紀錄包含矩形的位置資料，而比例尺物件被用在對應每一個紀錄的資料值屬性項到一個顏色。

❹ 實際的更新函式在被呼叫時會計算一個新的組態。它以隨機的順序訪問陣列中的每一個元素。對於每一個元素，它以隨機的方式選擇 8 個鄰居中的其中一個，並設定鄰居的值到目前的元素中（此算術的目的是當在考慮週期的邊界條件時，轉換元素的陣列索引和它在陣列表示法中的 (x, y) 座標：如果已經在陣列左側了，就要看陣列的右側，反之亦然：上下的邊界也是使用此種方式）。

❺ `d3.interval()` 函式傳回一個計時器，它以設定的頻率呼叫指定的回呼函式。在此，它每隔 `dt` 毫秒就會呼叫 `update()` 函式一次，並使用新的資料更新圖形的元素。更新的過程使用了 transition 讓它平順化，它會依據陣列中元素的位置進行延遲。delay 比 transition 的 duration 來得短。更新的效果會從圖形的上方橫跨到下方。

第五章

產生器、元件、排版：繪製曲線和形狀

在此章，我們將探討一些由 D3 所提供的基本圖形建構方塊。在前面幾章（第 3 章和第 4 章）中，我們學會了 D3 如何處理 DOM 樹以用來呈現資料視覺化，但是還沒有真的聚焦在圖形物件上。它們將會是本章關注的主題。這個主題給我們一個機會去瞭解 D3 不同功能的架構如何協同作業。我們也將會學習組織程式的機制，使它們在重複使用上更加便利。

產生器（Generators）、元件（Components）、以及排版（Layouts）

SVG 只提供內建幾何形狀（像是圓、矩形、以及線條；請參考附錄 B）的小規模集合。其他的部份需要很辛苦地建立，不論是從基本的形狀，或是使用 `<path>` 元素中的海龜式繪圖命令語言。那麼，在此點 D3 做了哪些協助呢？

請記住，D3 是一個用來操作 DOM 樹的 JavaScript 函式庫，不是繪圖套件。它不畫像素點，它是在 DOM 元素上面作業的。因此，一點都不令人驚訝的是，D3 在繪圖的功能是以組織及串流的方式在 DOM 元素上進行處理。

要產生複雜的圖形，D3 使用三個不同風格的 helper function（協助函式）。這些函式可以它們作用的規模來區分：*generator* 產生個別的屬性，*component* 建立一整個 DOM 元素，而 *layout* 則用來決定整張圖表的排列（參考圖 5-1）。請留意，因為它們之中沒有任何一個會做到你預期的所有作業。

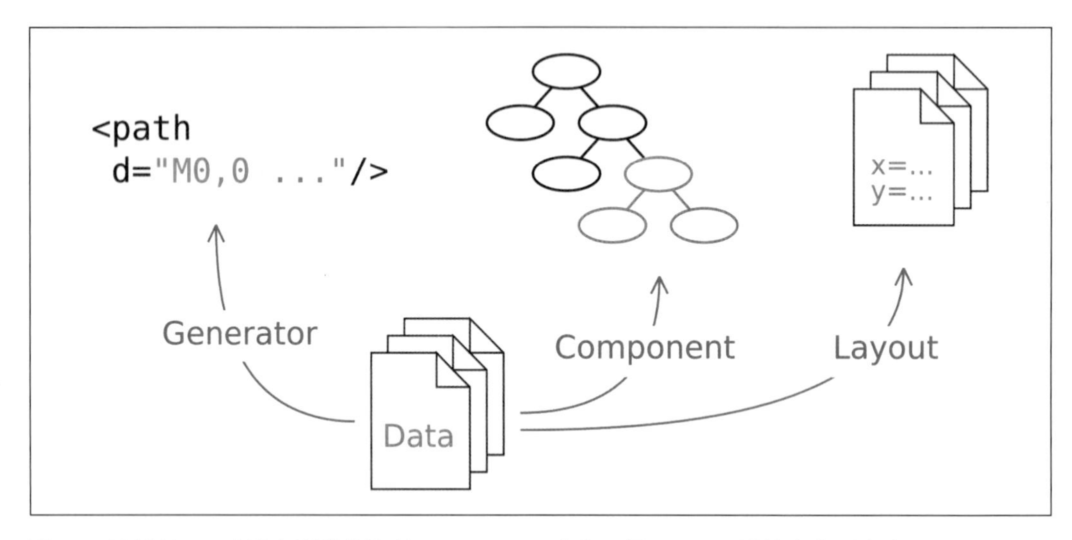

圖 5-1 不同的 D3 建構出視覺化資料：generator 建立一個 <path> 用的命令列字串，component 修改 DOM 樹，而 layout 則是新增像素座標和其他資訊到資料集本身

Generator（產生器）

產生器是 `<path>` 元素的海龜繪圖命令語言之包裝器：它們讓程式設計者可以自由地編寫那些神秘的命令字串。產生器會使用資料集然後傳回一個適合於 *<path>* 元素的屬性值。但是它們不會產生 `<path>` 元素：這需要透過其他的程式碼以確保這個元素是存在的。我們將會在本章和第 9 章中看到一些產生器的例子。

Component（元件）

元件是用來把新產生的元素注入 DOM 樹的函式。它們總是把一個 `Selection` 作為參數，此參數用來指示這個新的元素會被放入 DOM 樹的位置。通常 selection 都會是 `<g>` 元素，它作為一個新建 DOM 元素的容器。元件不會回傳任何東西：它們通常是

被使用目標 `Selection` 的 *`call()`* 函式合成式地呼叫。元件會變更 DOM 樹：它們是在 D3 工具箱裡面最活躍的工具。在範例 2-6 的 `axMkr` 是一個元件的例子，範例 4-4 中的拖放行為元件則是另外一個例子。

Layout（排版）

排版會使用一個資料集然後計算像素座標以及角度，也就是圖形元素應該要展現出資料集的方式。例如，在第 9 章將會看到一個排版利用結構化的資料集，為每一個節點計算出像素座標，以把資料集展現成一個樹狀的圖表。排版會**傳回一個資料結構**，此結構可以被**綁定到** '*Selection*'。但是它們不會建立或放置任何的圖形元素本身；它們只是計算元素需要放置的座標，這些資料可以被呼叫它的程式碼所使用。我們將會在本章後面一點的地方看到一些例子，同時也會在第 9 章再看到更多。

所有這些 helper 都實作為**函式物件**，當被作為函式呼叫時會執行它們的主要工作。但是，它們也有狀態並公開為成員函式的 API 以修改及組態它們的行為。因此，一般的工作流程如下所示：

1. 建立一個想要的 helper 實例。
2. 使用它的成員函式進行必要的組態設定（例如，為資料集設定指定存取器函式）。
3. 在適當的內容中呼叫此函式。

經常，這三個步驟會被結合成一個，使得實例被建立、組態、以及執行就作為 `attr()`、`call()`、或是 `data()` 呼叫的一部份（參閱範例 2-6 的例子）。

最後，請注意同樣的作業範式可以用來讓自己的程式碼更加地便利。尤其是 *Component* 範式，經常會被用來減少程式碼的重複，就連是很小的單頁專案也是（本章的後面會討論這一點）。

Symbols

Symbol 是預先定義的形狀，它可以被使用來在圖形（例如散佈圖）中表示個別的資料點。本節介紹用於建立可以使用在 SVG 中之 symbol 的兩個不同機制。第一個方法是使用 D3 的 symbol 產生器以及 SVG 的 `<path>` 元素。第二個方法則是利用 SVG 的 `<use>` 標籤，它讓你可以重用一個文件中某處的一個 SVG 文件片段。

使用 D3 的 Built-Ins

D3 定義了 7 個內建的符號形狀可以用在 `d3.symbol()` 產生器：參閱圖 5-2。範例 5-1 展示了如何建立和使用它們的方式；產生的結果圖形如圖 5-3 所示。

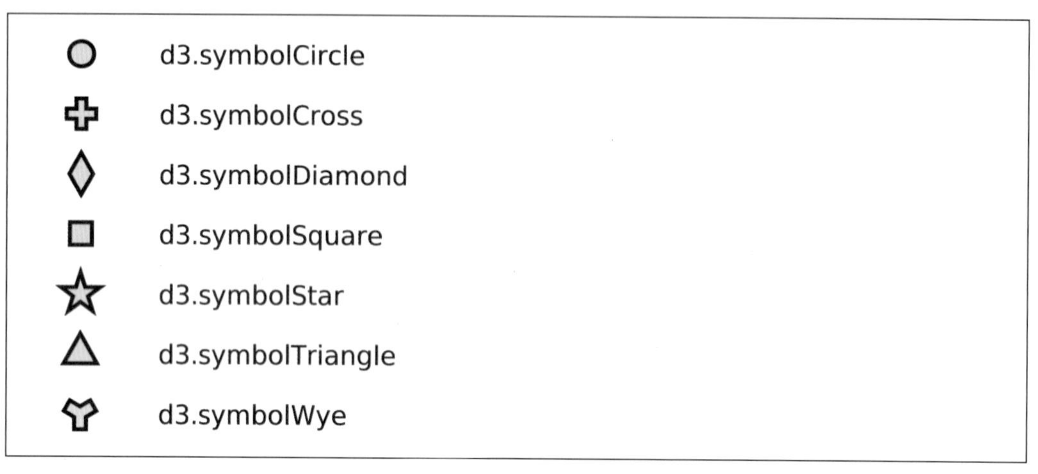

圖 5-2 D3 預定義的 symbol 形狀（如果最後一個符號名稱讓你有些混淆，可以試著唸唸看）

此符號產生器（symbol generator）和其他的 D3 形狀產生器有一些不一樣，因為它並沒有使用到資料集。所有你可以組態的是符號的形狀和大小（參閱表 5-1）。特別的地方是，它們並沒有規定要固定在圖形上的符號位置！相反地，所有的符號是被畫在原點上，然後你要使用 SVG 的轉換去移動它們到最終的位置。這是我們在使用 D3 和 SVG 時的一個慣例；我們將會經常看到這樣的方式。一些在 SVG 上有關轉換的資料可以在「SVG Transformations」補充說明找到。

圖 5-3 使用預定義的符號以呈現資料

範例 *5-1* 圖 *5-3* 所使用的命令

```
function makeSymbols() {
    var data = [ { "x":  40, "y":   0, "val": "A" },          ❶
                 { "x":  80, "y":  30, "val": "A" },
                 { "x": 120, "y": -10, "val": "B" },
                 { "x": 160, "y":  15, "val": "A" },
                 { "x": 200, "y":   0, "val": "C" },
                 { "x": 240, "y":  10, "val": "B" } ];

    var symMkr = d3.symbol().size(81).type( d3.symbolStar );         ❷
    var scY = d3.scaleLinear().domain([-10,30]).range([80,40]);      ❸

    d3.select( "#symbols" ).append( "g" )                             ❹
        .selectAll( "path" ).data(data).enter().append( "path" )     ❺
        .attr( "d", symMkr )                                          ❻
        .attr( "fill", "red" )
        .attr( "transform",                                           ❼
               d=>"translate(" + d["x"] + "," + scY(d["y"]) + ")" );

    var scT = d3.scaleOrdinal(d3.symbols).domain(["A","B","C"]);     ❽

    d3.select( "#symbols" )
        .append( "g" ).attr( "transform", "translate(300,0)" )       ❾
        .selectAll( "path" ).data( data ).enter().append( "path" )
        .attr( "d", d => symMkr.type( scT(d["val"]) )() )            ❿
        .attr( "fill", "none" )                                       ⓫
        .attr( "stroke", "blue" ).attr( "stroke-width", 2 )
        .attr( "transform",                                           ⓬
               d=>"translate(" + d["x"] + "," + scY(d["y"]) + ")" );
}
```

❶ 定義資料集，由 *x*、*y* 座標以及一個額外的「值」所組成。

❷ `d3.symbol()` 工廠函式傳回一個符號產生器的實例。在此，我們馬上組態符號的大小，然後選擇 star 作為要使用的形狀（size 參數是與符號的**區域**成正比，而不是半徑）。

❸ 資料集中的 x 值將會作為像素的座標，但是我們需要一個 scale 物件來把 y 的值轉換成垂直的位置。反向的 `range()` 區間補償了使用在 SVG 中上下相反的圖形座標。

❹ 建立一個初始化的 selection 並附加上 `<g>` 元素。`<g>` 用來把符號放在圖形的左側，並讓它們和右側的圖形有所分隔。

❺ 綁定資料並為每一個資料點建立一個新的 `<path>` 元素。

❻ 使用符號產生器把 d 屬性填入前面所建立的 <path> 元素。因為符號產生器已經都組態好了，我們在這裡就不需要再多做什麼事。符號產生器並未被執行，而是以一個函式的方式提供服務；它將會被 selection 中的每一個資料點自動地呼叫執行。

❼ 透過 SVG 轉換移動每一個新建立的 <path> 元素到它最終該放的位置，使用 scale 物件去計算出垂直的偏移量。

❽ 對於圖形的右側，我們將根據資料集裡的第三個欄位內容變更這些符號的形狀。要做到此點，需要結合資料集中的值和相對應的符號形狀。一個有序的（或離散的）scale 基本上就是一個雜湊表（hashmap），對應在輸入域中每一個值和在 d3.symbols 陣列中的每一個符號形狀（參閱第 7 章以學習更多有關於不同的 scale 物件）。

❾ 為符號的第二個集合附加一個新的 <g> 元素，然後把它們推移到右邊。這個推移的作業會被套用到 <g> 元素中的所有子項目。

❿ 我們可以重用早先建立的符號產生器。在此，每次當符號產生器被呼叫時，它的型態就被明確地設定，也是基於資料集中的值。

⓫ 為了做些改變，這些符號並沒有填滿，所以只會顯示出外框。

⓬ 要對每一個符號轉換移動到位置上和前面的方式是一樣的。沒有需要再去更改，因為整個包含 <g> 元素已經被移動以避免覆蓋到在左側的星星。

這個例子示範了一些基本的技巧；我們也可以做一些其他的變化。例如，不只是形狀，就連每一個符號的尺寸以及顏色也是可以動態地改變。要選用一個顏色，ordinal scale 可以很快地使用如下：

```
d3.scaleOrdinal(["red","green","blue"]).domain(["A","B","C"]);
```

或是選擇內部和邊界的對比色（fill 和 stroke）以達成不同的效果。

表 5-1 符號產生器的方法（sym 是符號產生器）

函式	說明
d3.symbol()	傳回一個新的符號產生器。除非另行組態，否則此產生器將會產生 64 像素平方大小的圓。
sym()	傳回一個字串作為 <path> 元素 d 屬性值，這個值將會讓符號畫成我們想要的樣子。

函式	說明
sym.type(shape)	設定符號的形狀。此引數應該是如圖 5-2 中預先定義的符號形狀之一。如果它沒有加上任何引數，則會傳回目前的值。
sym.size(area)	設定符號的大小。此引數被解釋為此符號的近似區域（以像素為單位，在任一 scale 轉換套用之前）。如果此函式呼叫時並未使用引數，預設的尺寸是 64 像素平方。
d3.symbols	一個陣列（不是函式），包含了預先定義好的符號形狀。

自訂符號

在範例 5-1 中使用的產生器之用法可能不是那麼地清楚，但是在此實在沒有什麼特別的魔術。最終所有發生的事就是產生器實例會回傳一個命令字串，使用的是 <path> 元素的命令語法。例如，你可以這樣做，如果定義以下的函式[1]：

```
function arrow() {
    return "M0 0 L16 0 M8 4 L16 0 L8 -4";
}
```

則你可以在範例 5-1 的步驟 6 中以如下的方式取代：

```
.attr( "d", arrow )
```

現在試著套用一個資料相依旋轉，使用一個適當的 SVG 轉換，到已經產生的 <path> 元素！還有許多可用的選項。

使用 SVG 片段作為符號

<use> 標籤讓你重用文件中任意的 SVG 片段，因此提供了另外一種用來在 SVG 中建立可重用符號的方式[2]。我建議（但是非必要）要拿來重用的元件要定義在 SVG 文件的 <defs> 段落裡面（<defs> 是 SVG 文件的一部份；不要把它放在 HTML 網頁的標頭處）。範例 5-2 展示了一個在 <defs> 段落中定義一個可重用元件的例子，而範例 5-3 則說明如何使用它（圖 5-4 可以看到它們的結果）。

1 在內部，D3 符號產生器使用 HTML5 <canvas> 元素以提升效能，但是並沒有限制一定需要這麼做。

2 雖然目前的瀏覽器看起來使用 <use> 標籤並沒有問題，但是我發現並不是所有的 SVG 工具都可以正確地處理，請務必留意。

範例 5-2 把定義符號的 SVG 放在 <defs> 段落（也請參考範例 5-3 和圖 5-4）

```
<svg id="usedefs" width="275" height="100">
  <defs>                                                ❶
    <g id="crosshair">                                  ❷
      <circle cx="0" cy="0" r="2" fill="none"/>         ❸
      <line x1="-3" y1="0" x2="-1" y2="0" />
      <line x1="1" y1="0" x2="3" y2="0" />
      <line x1="0" y1="-1" x2="0" y2="-3" />
      <line x1="0" y1="1" x2="0" y2="3" />
    </g>
  </defs>
</svg>
```

❶ 啟始一個 `<defs>` 段落，把它作為 `<svg>` 元件的子項目。

❷ 建立一個 `<g>` 元素，作為所有要添加符號的元素之容器，並設定一個 id 給它。`<use>` 標籤可以透過在這邊設定的 `id` 來指向這個符號。

❸ 為符號添加圖形元素。請留意，此符號在被使用時可以執行比例縮放，所以它的絕對尺寸大小在這裡並不重要。

範例 5-3 利用 <use> 標籤建立一個符號（也請參考圖 5-4）

```
function makeCrosshair() {
    var data = [ [180, 1], [260, 3], [340, 2], [420, 4] ];          ❶

    d3.select( "#usedefs" )
        .selectAll( "use" ).data( data ).enter().append( "use" )    ❷
        .attr( "href", "#crosshair" )                               ❸
        .attr( "transform",                                         ❹
               d=>"translate("+d[0]+",50) scale("+2*d[1]+")" )
        .attr( "stroke", "black" )                                  ❺
        .attr( "stroke-width", d=>0.5/Math.sqrt(d[1]) );            ❻
}
```

❶ 一個最小的資料集。每一個紀錄的第一個項目將會被用來當作是水平位置，而第二個項目則是符號的大小。

❷ 選取 SVG 元素並像以前一樣綁定資料，為每一個在資料集中的紀錄建立一個 `<use>` 元素。

❸ 為每一個新建立的 `<use>` 元素設定 `href` 屬性，把它加到符號的識別字上。文件中的最後一個元素看起來會像是這樣：`<use href="#crosshair" ...>`。

❹ 使用 `transform` 屬性去選擇符號的位置與大小。

❺ 設定 stroke 的顏色。此屬性在此一定要明確地執行，因為預設的外框線是 none！

❻ 設定 stroke 的線條寬度。要讓圖中的外框線寬度可以大約地相等就必須要設定 stroke 寬度，以避免之前進行比例轉換之後的影響。

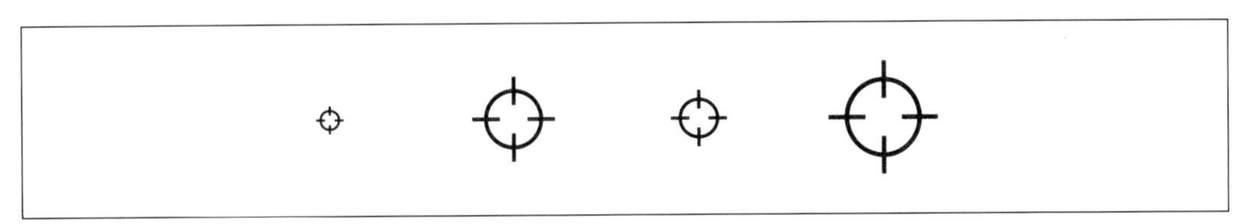

圖 5-4 使用 <use> 標籤建立符號（也請參考範例 5-3）

當然，<defs> 段落的內容和文件中其他的部份並沒有什麼不同，也就是說，它可以被使用 D3 動態地產生。例如，下面的程式片段建立一個十字對角線（也被稱為「聖安得烈十字」），它可以透過 <use> 標籤呼叫[3]：

```
var d = d3.select("svg").append("defs")
    .append("g").attr("id", "saltire");
d.append("line")
    .attr("x1",-1).attr("y1",1).attr("x2",1).attr("y2",-1);
d.append("line")
    .attr("x1",-1).attr("y1",-1).attr("x2",1).attr("y2",1);
```

另一個取得適當 SVG 的方式是從檔案中載入，然後把它插入到現有的文件中（請參考第 6 章的例子）。

SVG Transformations

你可以透過設定元素的 transform 屬性值把 *transform* 套用到任一 SVG 元素。雖然你可以藉由明確地提供獨立矩陣元素直接指定一個任意仿射轉換（參考附錄 B），然而 SVG 也提供另外一種選擇，使用人們可閱讀的語法用於做為縮放、旋轉、以及平移等一般性的操作。

在此種人們可讀的格式裡，transform 被使用像 JavaScript 函式呼叫所組成的語法所指定：

3 另一個建立像這種符號的方法是使用 SVG transformation 把 d3.symbolCross 旋轉 45 度。

```
scale( fx, fy )     // if fy is omitted, fx is used for both
rotate( phi, x, y ) // rotate around (x,y), (0,0) if missing
translate( dx, dy )
```

你可以建構一個由這些函式組合而成的轉換：

```
<rect transform="translate(10,20) scale(2.0) rotate(30)" />
```

請留意一個組合的個別轉換總是**從右而左**進行套用（就像是在矩陣中的乘法）。在上述的程式片段中，矩形先被旋轉 30 度（**順時針方向**——請留意，y 軸座標點是往下），**然後**把它放大 2 倍，最後移到右下角（再一次進行 y 軸的旋轉）。它可以在一個單獨的屬性值中去呼叫相同的「函式」許多次：

```
<rect x="100" y="200"
      transform="translate(100,200)
                 rotate(30)
                 translate(-100,-200)" />
```

上面這個程式在 (100, 200) 處建立一個矩形，把它移到原點，沿著原點旋轉，然後把旋轉過的這個矩形再移回它原來的位置。

這些操作全部看起來似乎是很直覺和直觀，但它可能會導致一些混淆的結果，因為它很容易被忘記這個人們易讀的「函式」，只不過是基礎矩陣操作的快捷方式。最容易被混淆的來源是**如果不在原點縮放和旋轉物件會有副作用**。它很容易被認為，例如，`transform="scale(2)"` 只是簡單地把物體放大 2 倍，但並不是這樣。相反地，所有物件的座標會被乘上 2 倍，包括它的位置。除非此物件被放在原點，否則 `transform="scale(2)"` 會導致平移的發生（除了縮放）。相同的情況也發生在如果你平移一個物件然後再縮放它：平移被縮放，而且項目的大小也是（請參考下圖）。

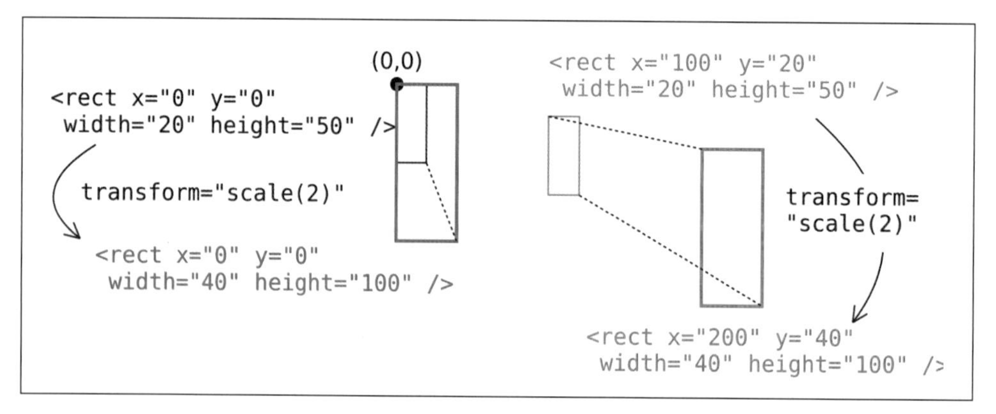

在原點（使用圓點標示處）上的物件進行比例縮放轉換，與不是在原點上的比例縮放轉換的效果

幸運的是，你可以利用以下的工作流程來避免這樣的混淆情況：

1. 只在原點上建立物件。
2. 當物件還在原點上時，套用任何想要的比例縮放和旋轉。
3. 然後平移這個物件到它原本該去的位置。

`<g>` 元素在轉換的程式中經常是有用處的，因為任何被套用在這個元素的轉換也會套用到它所有的子項目。這使得從它的構成中去組裝一個複雜的圖形物件成為可能，並且可以一次移動整個組合出來的圖形到想要的位置。這是操作 D3 元件時常用的方式（參閱範例 5-8 這個典型的例子）。

一個最後的觀察：雖然我在 SVG 2 標準草案（SVG 2 Draft Standard）中還沒有找到明確的參考，但是當在繪製元素時，轉換似乎是最後被套用的。這意味著，舉個例來說，就算是明確地指定框線的寬度也會被比例轉換所影響（例如，`stroke-width="1" transform="scale(2)"` 的結果會是 2 個像素寬度的框線）。當你在進行轉換時，應該要把這樣的影響考慮進去。

線條和曲線

繪製線條和曲線正是遵循在本章一開始所概述的工作流程：先啟動一個產生器、餵給它資料集，然後呼叫它以得到一個適用於 `<path>` 元素的 `d` 屬性之字串。

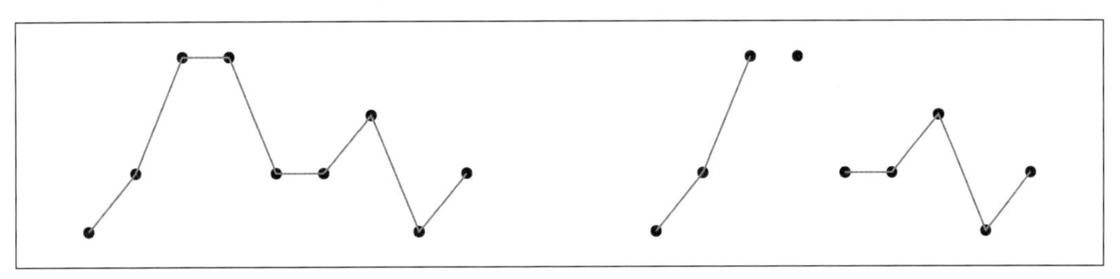

圖 5-5 建立用來連接各點的線條。在右側，其中一個資料點被標記為「undefined」，就會把此線條分割成為兩個線段

範例 5-4 建立線條（參考圖 5-5）

```
function makeLines() {
    // Prepare a data set and scale it properly for plotting
    var ds = [ [1, 1], [2, 2], [3, 4], [4, 4], [5, 2],
               [6, 2], [7, 3], [8, 1], [9, 2] ];
    var xSc = d3.scaleLinear().domain([1,9]).range([50,250]);
    var ySc = d3.scaleLinear().domain([0,5]).range([175,25]);
    ds = ds.map( d => [xSc(d[0]), ySc(d[1])] );                    ❶

    // Draw circles for the individual data points
    d3.select( "#lines" ).append( "g" ).selectAll( "circle" )        ❷
        .data( ds ).enter().append( "circle" ).attr( "r", 3 )
        .attr( "cx", d=>d[0] ).attr( "cy", d=>d[1] );

    // Generate a line
    var lnMkr = d3.line();                                          ❸
    d3.select( "#lines" ).append( "g" ).append( "path" )            ❹
        .attr( "d", lnMkr(ds) )                                     ❺
        .attr( "fill", "none" ).attr( "stroke", "red" );            ❻
}
```

❶ 在此，我們先套用 scale 操作到整個資料集，而不是根據它們之後的需要時才呼叫，如此可以讓後面的程式碼保持簡單。

❷ 我們使用 `<circle>` 元素去標記每一個資料點（可以用之前的符號代替，但是要把它們移到位置處所需要的 `transform` 語法比較笨拙）。

❸ 產生線條產生器（line generator）的執行實例。

❹ 請記住，線條最終被以 `<path>` 元素來實現，因此我們必須先建立一個 `<path>` 元素，使它隨後可以被進行組態配置。

❺ 呼叫線條產生器，使用資料集作為其呼叫的參數。

❻ 修改一些要呈現用的屬性值。

線條產生器有三個面向可以進行組態設定（參考表 5-2）。使用 `x()` 以及 `y()` 方法，你可以設定存取器函式從資料集中取得 *x* 和 *y* 座標。這個存取器可以使用三個引數呼叫如下：

```
function( d, i, data ) { ... }
```

其中 d 是資料集中目前的紀錄，i 是它的索引，而 data 則是整個資料集本身。如果沒有提供你的存取器，就會使用預設值，預設值為從多維陣列中取出第 1 和第 2 欄的內容（這也是在範例 5-4 中所使用的）。

另外一個可以組態的選項允許我們可以把某些特定的點標記為「undefined」，透過傳遞一個存取器到 defined(accessor) 函式。此存取器必須返回一個布林值；對於一些資料如果傳回 false，則產生出來的線條就會排除那些資料點，而結果就是把線條斷開成為幾個線段。使用一個例子會更清楚。如果你把在範例 5-4 的：

```
var lnMkr = d3.line();
```

取代為：

```
var lnMkr = d3.line().defined( (d,i) => i==3 ? false:true );
```

則在索引位置 3 的資料點會被當作是「undefined」，結果就是在圖 5-5 中右側的那張圖形。你可以使用這個特性去排除一些特定的資料點，例如，那些落在預期繪圖範圍外的點，或是一些非連續改變的值，這樣就可以不需要從資料集中把它們移除也是可以順利地作圖。

用來連接個別資料點之間的曲線形狀和性質可以利用不用的曲線因素來改變（這些將會在接下來的章節中討論）。最後，請留意，線條產生器會依照它們在**資料點中**的順序連接這些點。這表示，你可能需要在把資料集傳遞給線條產生器之前先進行資料點的排序（例如依照它們的 *x* 座標）。以下的程式碼片段使用 JavaScript 的 Array 型態之 sort() 函式去排序在範例 5-4 中的資料集，排序是以資料集中的 *x* 座標為對象：

```
ds = ds.sort( (a,b) => a[0]>b[0] )
```

正如往常一樣，列在表 5-2 中線條產生器的成員函式可以同時具有取值以及賦值的功能。當沒有使用引數呼叫時就是取值，它會傳回目前的設定值。如果把它作為賦值函式使用時，則它會傳回目前的產生器實例，主要是讓它可以支援方法鏈的機制。

表 5-2 線條產生器的方法（mkr 是線條產生器）

函式	說明
`d3.line()`	傳回一個新的線條產生器實例
`mkr(data)`	當使用資料集進行呼叫時，會傳回一個字串，此字串可以用於 <path> 元素的 d 屬性，它們可以用來畫一條通過資料集的線條。
`mkr.x(accessor)`, `mkr.y(accessor)`	設定 accessor 函式用於每一個資料點的 *x* 和 *y* 座標。每一個 accessor 將會被使用三個引數來呼叫：資料集中的目前紀錄 d，它的索引 `i`，以及整個資料集 **data**。這個存取器必須分別傳回目前資料點的 *x* 和 *y* 座標。預設的存取器會在一個 2 維的資料集中選用它的第 1 和第 2 欄的資料。
`mkr.defined(accessor)`	設定用來標記任一資料點是否為 undefined 的存取器。此存取器也是以三個引數來作為座標存取器，但是它必須傳回一個布林值，任一資料點如果存取器傳回 **false** 的話，就會被視為 undefined。
`mkr.curve(curve)`	設定要使用的 curve factory。

內建的曲線

除了直線之外，D3 還提供了許多其他的曲線形狀用來連接每一個連續的資料點—你也可以自訂自己所想要的曲線。使用適合的 *curve factory* 到線條產生器，就可以選用不同的曲線形狀，像是：

```
var lnMkr = d3.line().curve( d3.curveLinear );
```

內建的 curve factory（參考圖 5-6）分為兩個主要的群組：

- 完全由資料集來決定，而產生出來的曲線可以確實地穿過所有的資料點（參閱表 5-3）。
- 曲線是由額外的曲線或剛度參數來調整，它們可能會沒有那麼精準地通過所有的資料點（參閱表 5-4）。

內建的曲線主要是用來進行資訊視覺化，而不是用於科學的曲線繪製。曲線是為了繪製出資料集中的點，而資料點並不一定會以 *x* 座標來進行排列。內建的曲線並沒有直接限制曲線對於雜訊的過濾，或是根據它們的區域誤差調整資料點的權重，這些實作需要由你自行完成，如果你打算這麼做，則需要實作出一個客製化的曲線產生器（請參考下一節），或是在輸入資料之前先處理好。D3 參考文件（*https://github.com/d3/d3/blob/master/API.md*）包含了這些額外的細節，以及提到這些細節的原始文件之出處。

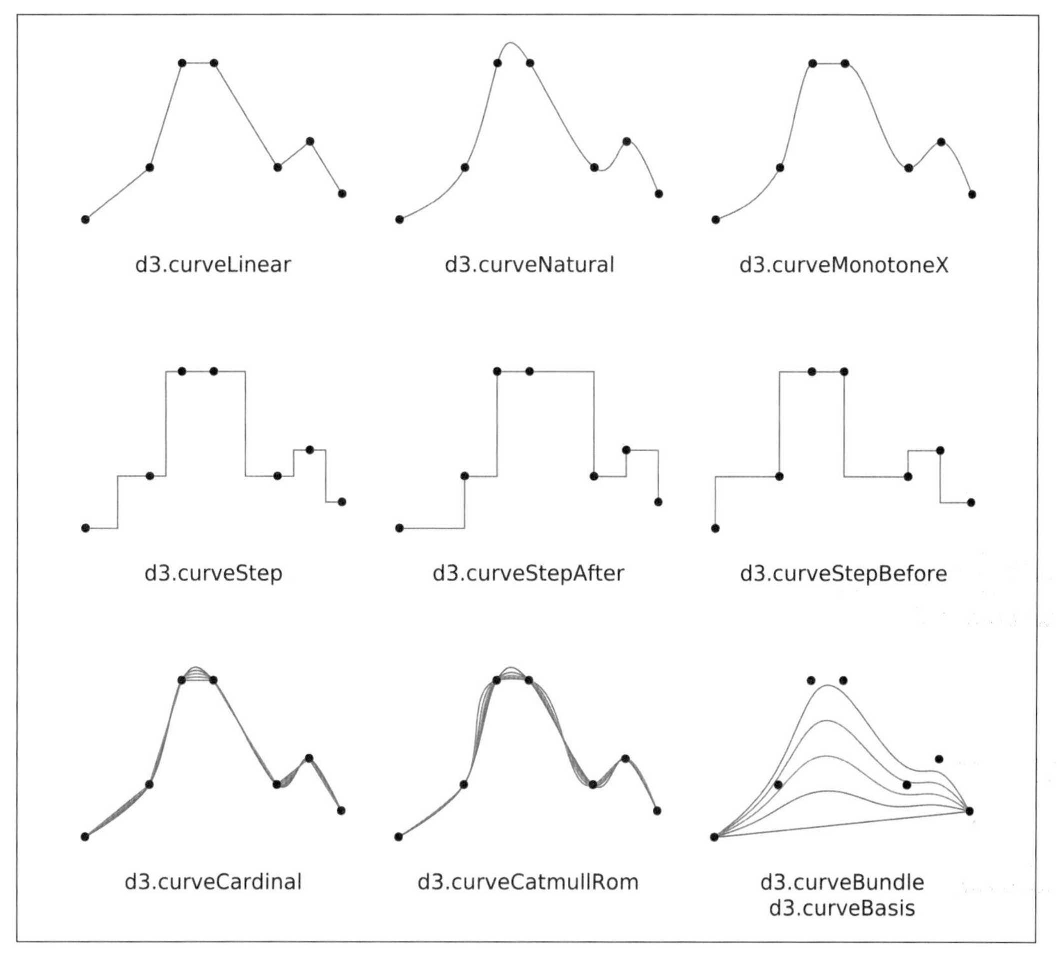

圖 5-6 內建曲線工廠（curve factory）。下方列中那些可調整的參數值分別是 0.0（藍色）、0.25、0.5、0.75、以及 1.0（紅色）

沒有可調參數的曲線

除了直線和步進函式（step function），D3 也提供幾個骨架實作以連接這些連續的點。自然平滑曲線與線段相交的方向和曲率匹配，在資料集末端的曲率為零。使用 `d3.curveMonotoneX` 建立的曲線，當在水平方向通過各點時，在垂直的資料點並不會畫超過資料點的上方（和 `d3.curveMonotoneY` 相似）。

表 5-3 沒有可調參數的曲線工廠函式

直線	平滑曲線	步進
d3.curveLinear	d3.curveNatural	d3.curveStep
d3.curveLinearClosed	d3.curveMonotoneX	d3.curveStepAfter
	d3.curveMonotoneY	d3.curveStepBefore

具有可調整參數的曲線

包括 cardinal 以及 Catmull-Rom 平滑曲線會精準地通過這些資料點，但是放寬這個條件則曲率會在所有的線段連接點符合。反之，它們強調在連接點之局部切線上的額外限制。此二者均依賴參數於控制它們的形狀；參數值應該在 0 和 1 之間。如果這個參數是零，cardinal 和 Catmull-Rom 平滑曲線就會一樣，而當參數的值增加時，它們的行為就會不同。此曲線工廠提供方法去設定它們的參數，如下：

```
d3.curveCardinal.tension(0.5);
d3.curveCatmullRomClosed.alpha(0.25);
```

以 `d3.curveBundle` 建立的曲線並不需要精確地通過資料點。當可調參數是零時，生成的曲線和 `d3.curveBasis` 產生的曲線是重合的。

除了 `d3.curveBundle`，可調整的曲線種類還有**開放**和**封閉**變種（像是 `d3.curveCardinalOpen` 或 `d3.curveBasisClosed`）。開放的曲線工廠使用資料點的末端點來決定曲線的形狀，但是不會延伸此曲線到實際的末端點（此曲線停留在倒數第二個點）。而對於封閉的曲線來說，資料集的末端會被連接起來，因此第一個和最後一個點會被作為相鄰的點。如此，建立出來的線條就是一個幾何形狀的封閉曲線。

表 5-4 依賴一個可調整參數的曲線工廠

曲線工廠	可調整參數	預設值
d3.curveCardinal	cardinal.tension(t)	0
d3.curveCatmullRom	catrom.alpha(a)	0.5
d3.curveBundle d3.curveBasis	bundle.beta(b)	0.85

Splines（平滑曲線）

spline 是平滑連接在一起的線段多項式曲線。各種 spline 在細節上有不同的變化，包括線段該如何組接，以及對於末端點的處理方式。有些 spline 包含一個可調整的參數，可以用來控制最終曲線的曲率。

因為 spline 是由多項式所組成的，它們可以被很簡單地計算出來（不需要計算先驗函數）。這說明了為什麼它在計算機圖學和其他相類似的應用中受歡迎的原因。再者，請留意 D3 的曲線是使用 SVG 的 `<path>` 元素進行實作，這個元素支援貝茲曲線（事實上，它們只是曲線，除了直線和橢圓弧線之外，`<path>` 元素亦可以直接繪製）。貝茲曲線本身是由多項式所組成的，因此可以透過貝茲曲線用來表示 spline，讓我們在 `<path>` 元素中使用 spline 時更加地自然。

自訂曲線

如果對於內建的曲線不滿意，你可以提供自己的曲線演算法給自訂 curve factory 作為線條產生器一例如，實作一個過濾器或是平滑方法[4]。curve factory 是一個函式，它接受一個參數並傳回實作這個曲線 API 的物件。當 D3 呼叫了 factory 函式，它提供一個 `d3.path` 物件作為參數。`d3.path` 提供類似於 `<path>` 元素的命令列語言的海龜式繪圖介面。你的 curve API 實作必須依照演算法填滿這個物件。這個 curve API，也就是你的自訂程式碼必須實作出這三個函式：`lineStart()`、`lineEnd`、以及 `point(x, y)`一它們的語意將會在一會兒後解釋。最終，D3 將會把這個 path 物件轉換成字串，讓它可以被用來填滿 `<path>` 元素的 d 屬性。

來看一個可以解釋這個機制的例子。範例 5-5 實作一個 curve factory，它在每一個線段的所有資料點之垂直位置平均值上繪製一條水平線。它的行為完全像是內建的 facotry；例如，你可以在範例 5-4 中以如下所示的方式使用它：

```
var lnMkr = d3.line().curve( curveVerticalMedian );
```

4 此節在第一次閱讀的時候最好可以略過。

範例 5-5 一個簡單的 *curve factory*

```
function curveVerticalMedian( context ) {
    return {
        lineStart: function() {
            this.data = [];                                         ❶
        },

        point: function( x, y ) {
            this.data.push( [x, y] );                               ❷
        },

        lineEnd: function() {
            var xrange = d3.extent( this.data, d=>d[0] );           ❸
            var median = d3.median( this.data, d=>d[1] );

            context.moveTo( xrange[0], median );                    ❹
            context.lineTo( xrange[1], median );                    ❺
        }
    };
}
```

❶ `lineStart()` 函式會在每一個線段開始的時候被呼叫（請注意，每一個被標記為「undefined」的資料點會終止目前的線條使其成為一個新的線段）。在此，會初始化一個陣列用來放置這些資料點。

❷ 每一個資料點都會使用它的座標呼叫 `point(x, y)`。在此例，每一個點的座標會被簡單地附加到陣列的末端。

❸ 在每一個線段結束時會呼叫 `lineEnd()` 函式。現在，目前線段的所有的點都已被收集好，資料集的水平延伸以及垂直位置的平均數也可以算出，有了這些資料，現在已經準備好可以畫出想要的線條了。

❹ `context` 變數是一個 `d3.path` 的執行實例，它被用來在 D3 架構下支援 curve factory。這個物件的函式和 `<path>` 元素的命令列語言類似。所有打算繪製的內容必須以這個物件來完成。在此，我們在這個線條的開始處放置一支看不見的筆，然後…

❺ …繪製一個可見的線條到它的末端。

這是基本的工作流程。在多加了一些作業之後，你可以改變 `lineEnd()` 函式去計算以及繪製圖形，例如，一個線性迴歸的線條、一個區域加權的插補像是 LOESS、或是一個核密度估計[5]。

如果繪出的曲線不是直線，則它將會需要去建立一個來自於重複迴圈中的每一個獨立的線條。在以下的程式片段中，水平繪製區段被切成 100 個步驟：

```
for( var t = xmin; t <= xmax; t += 0.01*(xmax-xmin) ) {
    context.lineTo( t, y(t) );
}
```

在上述的程式片段中，`xmin` 以及 `xmax` 是繪圖區域的端點，而 `y(t)` 則是用來計算在位置 `t` 的曲線值。

要計算平均值或是線性迴歸，整個資料集必須在計算前是已知的，如此繪圖的作業才能夠開始。至於其他曲線可以漸進地計算和繪製（例如用直線來連接各點）。在此例中，主要的邏輯從 `lineEnd()` 函式移到 `point()` 函式：對於每一個新的資料點，曲線的下一個部份被計算，而適當的 `d3.path` 方法會被呼叫來進行繪圖。

圓、弧、以及圓餅圖：使用 Layout 進行作業

到目前為止，我們還沒有遇到需要 D3 `layout` 的例子。layout 會消耗一個資料集，並計算圖形元件要放置的地方以視覺化這些資料。它們傳回一個包含這個資訊的資料結構，但是不會實際創建或是放置任何的 DOM 元素；取而代之的，它是由包圍著的程式碼來做這件事。有些 D3 產生器會被特別設計讓它可以使用由特定的 layout 傳回的資料結構。雖然它們都可以被分開來使用，但是瞭解 *layout* 可以幫助我們瞭解這個產生器。

D3 的圓餅圖 layout 提供了一個專屬的清晰範例，以展示如何把這些作業合併在一起，而在這裡我將會詳細地說明。有時圓餅圖並不太夠用，不過 D3 圓餅圖 layout 卻令人感興趣，不只是在說明 D3 layout 的工作流程，同時也是用來建立圖形一個多才多藝的方法，包括任意圓形的圖，不僅僅只是典型的圓餅圖而已。例如，一個有趣的練習是使用圓餅圖 layout 來建立一個用來展現不同色彩空間的顏色環！（請參考第 8 章關於 D3 可用的色彩空間；以及第 9 章討論 D3 layout 用於樹狀圖）。

---

5 例如，請參考筆者所寫的《*Data Analysis with Open Source Tools*》（歐萊禮）

範例 5-6 定義一個資料集用來描述的一個選舉結果：每一個候選人，都有名字以及得票數。圖 5-7 利用圓餅圖來呈現這個資料集。

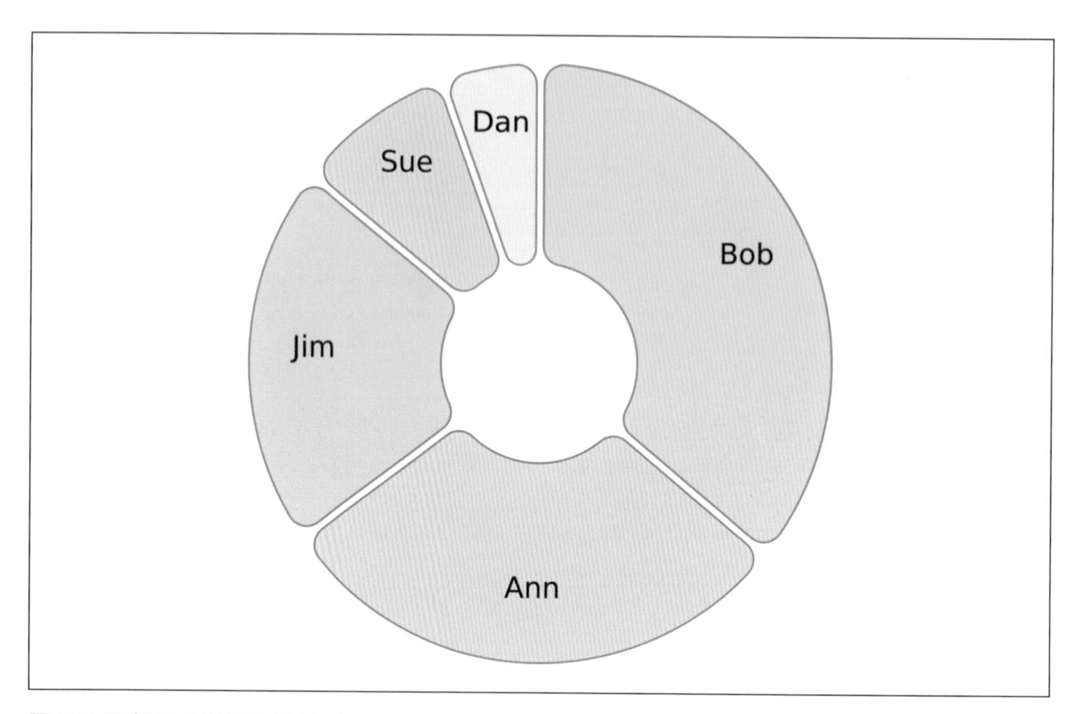

圖 5-7 圓餅圖（參考範例 5-6）

範例 *5-6* 使用圓餅圖 *layout* 以及 *arc* 產生器（參考圖 *5-7*）

```
function makePie() {
    var data = [ { name: "Jim", votes: 12 },
                 { name: "Sue", votes:  5 },
                 { name: "Bob", votes: 21 },
                 { name: "Ann", votes: 17 },
                 { name: "Dan", votes:  3 } ];

    var pie = d3.pie().value(d=>d.votes).padAngle(0.025)( data ); ❶

    var arcMkr = d3.arc().innerRadius( 50 ).outerRadius( 150 )    ❷
        .cornerRadius(10);

    var scC = d3.scaleOrdinal( d3.schemePastel2 )                  ❸
        .domain( pie.map(d=>d.index) )                             ❹

    var g = d3.select( "#pie" )                                    ❺
```

範例 5-6 使用圓餅圖 *layout* 以及 *arc* 產生器（參考圖 5-7）（續）

```
        .append( "g" ).attr( "transform", "translate(300, 175)" )

    g.selectAll( "path" ).data( pie ).enter().append( "path" )    ❻
        .attr( "d", arcMkr )                                      ❼
        .attr( "fill", d=>scC(d.index) ).attr( "stroke", "grey" );

    g.selectAll( "text" ).data( pie ).enter().append( "text" )    ❽
        .text( d => d.data.name )                                 ❾
        .attr( "x", d=>arcMkr.innerRadius(85).centroid(d)[0] )    ❿
        .attr( "y", d=>arcMkr.innerRadius(85).centroid(d)[1] )
        .attr( "font-family", "sans-serif" ).attr( "font-size", 14 )
        .attr( "text-anchor", "middle" );
}
```

❶ 此列建立一個圓餅圖 layout 實例並設定它的內容，然後在資料集上呼叫這個實例，全部在一個步驟中完成。傳回的資料結構 `pie` 是一個物件的陣列，在原始資料集中的每一個紀錄都是一個物件。每一個物件包含一個到原始資料的參考，以及相對應的圓餅圖切片之開始和結束角度等等。

❷ 建立以及設定一個 arc 產生器（但是並沒有呼叫它）。

❸ 建立一個結合到每一個 `pie` 元素顏色的 scale 物件，這些顏色從內建的 `d3.schemePastel2` 進行繪製，它定義了一組柔和的色彩，適合用於背景，但也提供了彼此之間良好的視覺對比。

❹ Ordinal scale 以它們的字串表示式查找物件。不幸的是，JavaScript 預設的 `toString()` 方法並不會傳回一個物件的唯一識別字，只是會傳回一個一般的常數。因為這個原因，我們無法直接從 `pie` 陣列的元件中進行對應，因此必須為每一個元素選擇一個唯一可以識別的成員。

❺ 在頁面中選擇目標元素，附加一個 `<g>` 元素作為這個圖表元件的通用容器，並把它移動到位置上（由 arc generator 所產生的 pie 圖表會被放在原點的中間）。

❻ 結合 `pie` 這個資料結構…

❼ …並在每一個元素中呼叫 arc generator。

❽ 剩下來的指令是在每一個 pie 切片中建立文字標籤。

❾ 在 `pie` 陣列中每一個物件都有一個成員資料，此資料包含參考到在原始資料集中的相對應紀錄。

❿ 在 arc generator 中的 `centroid()` 函式傳回一個位置的座標，它是置中在每一個 pie 切片的中心位置，剛好是可以用來放置標籤的位置。在此，我變更了 arc generator 的內部半徑，使得標籤可以進一步地靠近邊緣。

好了。如果比較 pie 的 API 以及 arc generator（表 5-5 和 5-6），你將會注意到 arc generator 的預設值是如何地接近符合從 pie layout 回傳的資料結構，使得在範例 5-6 中的程式碼可以相對地精簡。

表 5-5 圓餅圖 layout 運算子的方法（mkr 是 layout 運算子的執行實例）

函式	說明
`d3.pie()`	回傳一個新的預設組態 layout 運算子
`mkr( data )`	傳入任意的紀錄陣列，然後產生一個物件的陣列。每一個輸出的物件代表一個圓餅圖切片，此切片具有以下的成員： • `data`：在原始資料集裡面相對應紀錄之參考。 • `value`：用來代表目前圓餅圖切片的數值。 • `index`：正整數，用來表示環繞著圖表以遞增角度的線段順序之目前線段的位置。 • `startAngle`、`endAngle`：圓餅圖切片的啟始和結束角度，以弧度為單位，是從最上方位置開始順時針方向來計算得出的。 • `padAngle`：目前圓餅圖切片的填充空間。 在回傳的陣列中的線段都是以輸入資料集的值順序來排列；它們不必然是被以在圖表中的遞增角度位置來排序。
`mkr.value( arg )`	數值或是存取器函式，用來回傳目前切片表示的相關數值。預設值是：`d => d`。
`mkr.sort( comparator )`	設定比較運算子，它會被用在對於原始資料集的元素排序上。此排序會影響到把元素環繞著圖表所放的位置；它不會影響到回傳陣列中的線段順序。
`mkr.sortValues( comparator )`	設定比較運算子，它會被用在依照值來排列原始資料集元素的順序。此排序會影響到把元素環繞著圖表所放的位置；它不會影響到回傳陣列中的線段順序。預設的情況下，切片會被以值的大小依遞減的方式排序。
`mkr.startAngle( arg )`, `mkr.endAngle( arg )`	數值或是存取器函式，用來回傳圓餅圖表整體的啟始和結束角度。
`mkr.padAngle( arg )`	數值或是存取器函式，用來回傳任一個要插入到兩個相鄰切片之間的填充空間。

arc generator 可以被使用在自行繪製任意的圓形線段，就算是它們沒有被使用在圓餅圖表的一部份，但是，在這個例子中是由使用者在一個合適的表單中提供必須的資訊。除

非開始角度和結束角度，以及內徑和外徑都已經確定，不然 arc generator 就沒辦法繪製。這些參數可以透過 API 呼叫或是提供一個物件讓 generator 在計算時產生來加以設定。在接下來的例子中，這些參數是從已配置的存取器函式物件中取得。這些技巧也可以混合使用（請參考範例 5-7）。

範例 5-7 配置 arc generator 的不同方式。在所有的例子中，g 是一個適當的 <g> selection

```
// API configuration
var arcMkr = d3.arc().innerRadius( 50 ).outerRadius( 150 )
    .startAngle( 1.5*Math.PI ).endAngle( 1.75*Math.PI );
g.append( "path" ).attr( "d", arcMkr() );

// Object with default accessors
var arcSpec = { innerRadius: 50, outerRadius: 150,
                startAngle: 0, endAngle: 0.25*Math.PI };
g.append( "path" ).attr( "d", d3.arc()( arcSpec ) );

// Mixed, nondefault accessors
var arcMkr = d3.arc().innerRadius( 50 ).outerRadius( 150 )
    .startAngle( d => Math.PI*d.start/180 )
    .endAngle( d => Math.PI*d.end/180 );
g.append( "path" ).attr( "d", arcMkr( { start: 60, end: 90 } ) );
```

表 5-6 arc generator 的方法（mkr 是一個 arc generator）

函式	說明
`d3.arc()`	以預設的配置組態傳回一個 arc generator。
`mkr( args )`	傳回一個適合用於 `<path>` 元素屬性值 `d` 的字串，提供啟始和結束角度以及內徑和外徑，這些是已經透過 API 呼叫或是藉由已配置的存取器所提供作為參數的物件定義過的。值的設定透過 API 呼叫取得優先權。
`mkr.innerRadius( arg ),` `mkr.outerRadius( arg )`	以一個常數值去設定內徑和外徑，或是設定一個存取器，讓它可以在此 generator 被呼叫時，能透過所提供的參數用來擷取和傳回內徑和外徑。預設值是：`d => d.innerRadius, d => d.outerRadius`。
`mkr.startAngle( arg ),` `mkr.endAngle( arg )`	以一個常數值去設定開始角度和結束角度，或是設定一個存取器，讓它可以在此 generator 被呼叫時，能透過所提供的參數用來擷取和傳回這些值。角度是以最上方的位置依順時針方向來計算，而且一定不能是負值。預設值是：`d => d.startAngle, d => d.endAngle`。
`mkr.centroid()`	傳回位置的座標，此位置是產生出來的切片之中間位置，它是一個 2 元素的陣列。
`mkr.cornerRadius( arg )`	設定要被作為圓角的邊角半徑，或是設定一個存取器用來擷取和回傳它們，預設值是 `0`。

其他形狀

D3 還具有其他形狀的 generator 和 layout 之功能：

- `d3.area()` generator 和 `d3.line()` generator 相關，除了它會建立由 *2* 條邊界線作為邊界的區域之外。
- `d3.lineRadial()` 和 `d3.areaRadial()` generator 是以極座標的方式來建立圓形線段和區域圖。
- `d3.stack()` layout 是設計用來和 `d3.area()` generator 一起使用的產生器，它可以用來建立堆疊圖（許多個元件被畫在一起，用來呈現出一組資料值累積起來的樣子）。
- `d3.chord()` layout 以圓形排列的方式，呈現在一個網路中的不同節點之間的相互流動。它主要被拿來和 `d3.arc()` 以及特殊化的 `d3.ribbon()` generator 一起使用。
- `d3.links()` 產生器被用來繪製在階層式資料集中的樹狀圖形之分支。它主要被用來和 `d3.tree()` 以及 `d3.cluster()` layout 一起使用。
- `d3.pack()`、`d3.treemap()`，以及 `d3.partition()` layout 準備階層式資料以顯示出包含層次結構的圖形。

後面的這兩項將會在第 9 章中加以討論。你可以在 D3 參考說明文件中看到其他項目更詳細的說明（*https://github.com/d3/d3/blob/master/API.md*）。

編寫你自己的元件

和各式各樣的 generator 和 layout 比較，D3 並沒有包含許多內建的**元件**（範例 2-6 的 axis 功能是其中的一個例子，而來自於範例 4-4 的拖放行為則是另一個例子）。但是元件主要是用來組織以及簡化你自己的工作。

元件（component）是函式的型式，它拿取一個 `Selection` 作為其參數，然後在上面做一些作業[6]。它們並不會傳回任何東西，所有的結果都是副作用。

6 雖然是這樣的名稱，但元件不是一種「**東西**」，它們是一些「**動作**」，儘管通常這些動作會產生一個被加到 DOM 樹中的東西。

在你想要重複地一起建立幾個 DOM 元素時，編寫一個元件是很有用的，尤其是當它們的位置是彼此相關時更是重要。但是一個元件也可能可以簡單到只是為了在重複的命令集中用來節省幾個按鍵，或是提供一個方法去包裝有一些混亂的程式碼。在許多方面，元件對於 DOM 樹，哪些功能是要被編寫成代碼：就是那些始終在一起執行的可重用動作集合。

一個簡單的元件

假設我們想要在圖形的多個位置中使用一個在中間有文字標籤的圓角矩形（參考圖 5-8）。在此種情況下，保持在元件中各部件的相對位置（文字和邊界），和整個元件本身的位置區隔開來是很方便的。在範例 5-8 的 `sticker()` 函式同時建立了矩形和它中間的文字。接下來就可以由呼叫的程式碼來同時移動它們到最終的位置上。

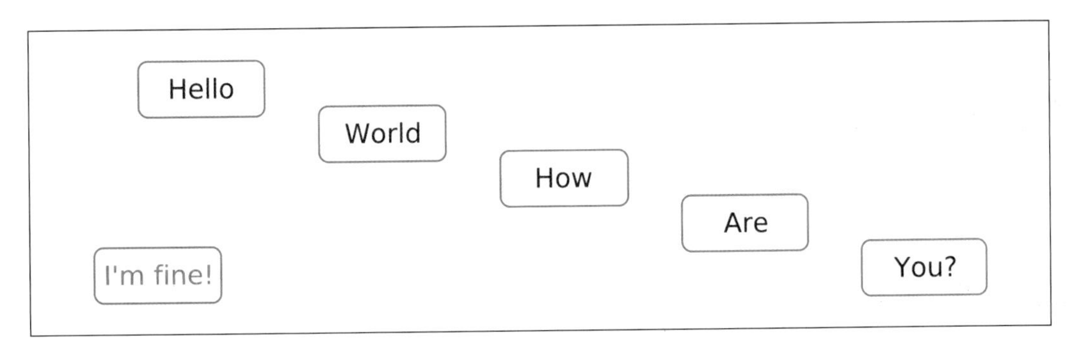

圖 5-8 一個可重用的元件

範例 5-8 圖 5-8 的程式指令

```
function sticker( sel, label ) {                                    ❶
    sel.append( "rect" ).attr( "rx", 5 ).attr( "ry", 5 )            ❷
        .attr( "width", 70 ).attr( "height", 30 )
        .attr( "x", -35 ).attr( "y", -15 )
        .attr( "fill", "none" ).attr( "stroke", "blue" )
        .classed( "frame", true );                                  ❸

    sel.append( "text" ).attr( "x", 0 ).attr( "y", 5 )              ❹
        .attr( "text-anchor", "middle" )
        .attr( "font-family", "sans-serif" ).attr( "font-size", 14 )
        .classed( "label", true )
        .text( label ? label : d => d );                            ❺
}
```

範例 5-8 圖 5-8 的程式指令（續）

```
function makeSticker() {
    var labels = [ "Hello", "World", "How", "Are", "You?" ];
    var scX = d3.scaleLinear()
        .domain( [0, labels.length-1] ).range( [100, 500] );
    var scY = d3.scaleLinear()
        .domain( [0, labels.length-1] ).range( [50, 150] );

    d3.select( "#sticker" )                                          ❻
        .selectAll( "g" ).data( labels ).enter().append( "g" )
        .attr( "transform",
               (d,i) => "translate(" + scX(i) + "," + scY(i) + ")" )
        .call( sticker );

    d3.select( "#sticker" ).append( "g" )                            ❼
        .attr( "transform", "translate(75,150)" )
        .call( sticker, "I'm fine!" )
        .selectAll( ".label" ).attr( "fill", "red" );                ❽
}
```

❶ 一個元件就是一個函式，它取得一個 `Selection` 實例作為它的參數，其他的參數則可以自選。

❷ 建立以及配置此矩形，使其作為提供的 selection 之子項目。此矩形被置中在原點上。

❸ 為此矩形設定一個 CSS 類別：這將會使它更容易地在後面設定樣式時指定出來。`classed()` 的第二個參數很重要：`true` 用來表示這個類別名稱應該被設定到這個元素中，如果是 `false` 則表示這個類別應該要被移除。

❹ 建立以及配置 text 元素並設定給它一個類別名稱。

❺ 當 `sticker()` 函式被呼叫時如果提供了第二個引數，會使用它作為標籤，否則，會使用綁定到目前節點的資料。此種特性讓使用這個元件時不用管資料是否被綁定到目標 selection 成為可能。

❻ 利用綁定的資料使用此元件，如同之前所做的一般，為每一個資料點建立一個 `<g>` 元素，然後使用 `call()` 呼叫 `sticker()` 函式。當提供目前的 selection 作為第一個參數的時候，將會執行 `sticker()` 函式。在這個例子中，「目前的 selection」包含了新建立的 `<g>` 元素（以及它們所綁定的資料）。

❼ 為了使用這個元件而不用綁定資料，再一次附加一個 <g> 元素作為這個 sticker 的容器，然後透過 call() 呼叫 sticker()，但是這次你需要明確地提供一個標籤。call() 功能將會單純地轉傳在呼叫提供的函式時的第一個參數。

❽ CSS 類別名稱讓選擇部份的元件進行改變它的外觀時變得容易。然而請留意，selectAll() 回傳新的 selection：任何在這個函式串鏈接下來的呼叫中，將只會套用到那些符號是 ".labels" 選擇器的元素。

元件的使用

關於使用元件的一些建議：

- 元件通常被建立在 <g> 元素裡面，把它作為元件之所有組件的共通父項目：這樣整個元件就可以被透過套用到 <g> 元素的 SVG 轉換，移動到最後的目標位置。<g> 元素通常不會被透過元件來建立，而是以呼叫的程式碼來進行。如果這樣看起來令人覺得訝異，可以這樣思考，元件並不會回傳它建立的元素，而是直接把它們加到 DOM 樹中。所以，它需要知道要把它們加到*哪裡*，呼叫的程式碼必須提供這個資訊，因此這些程式碼建立 <g> 元素，把它作為元件要加入它的結果之目標。

- 雖然元件可以被使用正常的函式呼叫語法進行呼叫，把目標 Selection 作為第一個引數，然而更慣用的方式是使用 call() 以「合成」的方式來呼叫它。call() 函式會自動地注入目標 Selection 作為第一個引數，而且回傳相同的 Selection 實例，如此就可以用在方法鏈的呼叫方式上。如果你需要取得對於使用元件所新建立的 DOM 元素之存取，可在由 call() 所傳回的 Selection 上使用 selectAll() 加上一個適當的選擇器。典型的呼叫順序看起來像是下面這個樣子：

```
d3.select("svg").append("g").attr( "transform", ... )
    .call( component )
    .selectAll( "circle" ).attr( "fill", ... )...
```

  你也可以參考在範例 5-8 最後面所使用的方式。

- 雖然可以把一些外觀的選項（像是顏色等等）使用外加參數的方式傳遞到元件中，但通常慣用的方式是在晚一點的時候套用它們，用的是一般的 Selection API 機制（就如同我們在範例 5-8 快末尾的地方使用的方式）。這樣的優點是元件的外觀並不會由它的作者所固定，也可以讓使用者依它的想法來改變。

能夠讓你少打一些字的元件

在前一小節中的 sticker 元件，可以合理地把它變成可重用的，一個元件也可以在某個區域範圍內作為一個臨時節省工作量的裝置，以減少一些按鍵的操作。舉例來說，如果你需要在許多地方加入 <text> 元素，而且這些元素有不同的文字對齊和字型大小設定，但是又無法從樣式表或父項目中取得屬性值的情況。透過以下這個作法，可以讓你省下為每一個 <text> 元素明確地鍵入屬性值名稱和函式呼叫中的功夫：

```
function texter( sel, anchor, size ) {
    return sel.attr( "text-anchor", anchor )
        .attr( "font-size", size )
        .attr( "font-family", "sans-serif" );
}
```

然後，你就能直接使用：

```
d3.select( ... )
    .append( "text" ).call( texter, "middle", 14 ).text( ... );
```

同樣的臨時元件也可能被使用來快速地設定物件的填滿和框線顏色，或是使用它的圓心座標和半徑，在一個呼叫動作中建立一個圓形。

以元件來進行 SVG 轉換

SVG 轉換非常有用，但處理過程繁複，尤其是在當你需要去動態地建構參數字串時。大家當然希望有省時省力的作法（對於首次閱讀的讀者，這一段落可以先跳過）。

編寫一個元件來處理並不難（本節我會提供一個盡量簡單，但又容易改寫的方法）：

```
function trsf( sel, dx, dy ) {
    return sel.attr( "transform", "translate("+dx+","+dy+")" );
}
```

然後你可以像是任何其他的元件一樣地呼叫它：

```
d3.select( ... ).append("g").call(trsf, 25, 50).append( ... )...
```

目前為止還不錯，但是如果偏移值需要依據綁定到一個 selection 的資料集呢？以下是我們想要做的（例如，和範例 5-8 做比較）：

```
d3.select( ... ).data( data ).enter().append( "g" )
    .call( trsf, (d,i)=>..., (d,i)=>... ).append( "circle" )...
```

但是這個簡單的 trsf() 元件在這個例子中並無法發揮作用。為了要把存取器函式作為引數，這個元件必須區分哪些引數是函式，哪些是常數，並在前面的情況中計算它們。這樣引發了一個問題，如果我們想要停留在被發佈的 Selection API 中（而不是偷偷地放在裡面），則這些 API 函式同一個時間只允許一個存取器函式執行計算，但是我們的 trsf() 則拿取了兩個。因此，我們需要在這個 selection 中的所有元素計算第一個存取器，儲存這些結果，然後執行第二個存取器，最後再結合兩個中間結果去建立一個實際轉換的屬性值。以下的程式碼使用 d3.local() 功能，目標是用於這樣的應用。它實際上是一個 hashmap，但是預期是以 DOM Node 作為 key。此種方式，就可以為每一個 Node 儲存中間值：

```
function trsf( sel, dx, dy ) {
    var dxs = d3.local(), dys = d3.local();
    sel.each( function(d,i) {
        dxs.set( this,
                 typeof dx==="function" ? dx(d,i) : dx||0 ) });
    sel.each( function(d,i) {
        dys.set( this,
                 typeof dy==="function" ? dy(d,i) : dy||0 ) });

    return sel.attr( "transform", function() {
        return "translate(" +
            dxs.get(this) + "," + dys.get(this) + ")"} );
}
```

一個較簡單但是比較沒那麼清楚的方法是把這些中間值結果儲存在節點本身，利用的是加入一個額外的「bogus」屬性項到它上面：

```
sel.each( function(d,i) {
    this.bogus_dx = typeof dx==="function" ? dx(d,i):dx||0 } );
```

無論哪種方式，trsf() 元件現在可以被依照我們的想法進行呼叫了。例如，以下的程式碼可以被加到範例 5-8 中：

```
var vs = [ "This", "That" ];
d3.select( "#sticker" ).append( "g" )
    .selectAll( "g" ).data( vs ).enter().append( "g" )
    .call( trsf, (d,i) => 300 + scX(i), (d,i) => scY(i) )
    .call( sticker );
```

<g> 元素是你的好朋友

當閱讀 SVG 規格時，`<g>` 元素的目的可能會有些模糊。它最好的作用是什麼？事實證明，當使用 SVG 和 D3 時，`<g>` 元素有許多實際上的用途，特別是：

- 使用 `<g>` 元素把元素設為群組，用來讓我們可以更清楚地指出或區分需要的 selection，而不需要去依賴額外的資訊（像是 `id` 或是 `class` 屬性）或是 CSS 選擇器。例如，如果所有的 `<circle>` 元素用來表現一個特定的資料集是包含在一個 `<g>` 元素中，則我們可以使用以下的方式來選擇它們，而且**只**會有它們這些 `<circle>` 元素：

```
var cs = d3.select( "g" ).selectAll( "circle" );
```

  其他的 `<circle>` 元素，可能是用來表現其他的資料集或是有一些其他的函式，就不會被選擇到。

- SVG 轉換的威力和便利性，只有在和 `<g>` 元素一起使用時才會變得明顯。在 `<g>` 元素中，你可以在原點建立一個複合的元件，只需要操心它的所有組成部件之**相對**位置。只有在你完成整個元件之後，才需要使用轉換把它移動到最終的位置。在 SVG 中建立一個可重用的元件也是依賴這樣的程序。

- 使用 `<g>` 元素群組一些元素可以減少程式碼的重複，因為可以套用外觀選項到 `<g>` 元素作為共用的父項目，而不是去動到個別的每一個（可視的）元素。依照相同的精神，它可以被便利地註冊一個事件處理器在父輩 `<g>` 元素上，而不是在每一個子元素中都進行註冊。

第六章

檔案、擷取、格式：資料的輸入與輸出

除非你在腳本中定義你的資料（像是在範例 5-1 中的例子）或是在你的腳本中產生它（像是在範例 4-6 和範例 4-7 的例子），否則你總是必須從某處取得資料放到腳本裡。此種情境包含兩個分開的步驟：從資料的地點（可以是本地端的檔案系統、遠端的伺服器、或是其他的來源，像是網頁服務）擷取資料，並且把擷取到的資料剖析成有用的資料結構。如果想要從資料建立文字標籤，你將會需要相反的操作，把資料格式化之後進行文字輸出。這一章說明 D3 提供用來協助進行這些工作的相關功能。對於檔案格式的討論通常會很繁瑣，但我將會儘量地簡要說明。

擷取檔案

JavaScript 的 Fetch API 是之前舊式 `XMLHttpRequest` 物件的新式替代品。`XMLHttpRequest` 這個技術是，首次讓網頁資料具備在伺服器間進行非同步交換能力的「動態」網頁體驗，從而產生了 AJAX 這種相關技術。D3 包裝了 Fetch API，複製了它的一些方法，並加上了讓你在操作網頁或是表格資料時更方便的功能。一些底層 API 的工作仍然可以經由 D3 看到；基於這個理由，你也可以常常去訪問 Fetch API 的參考資料（*https://mzl.la/2ZyJRp9*）。

表 6-1 列出所有 D3 提供用來從 URL 擷取（「fetch」）資源（例如檔案）的函式。當然，也有些資源並不必然是檔案型式，它可以是任何東西，只要它能夠透過 URL 來描述它的資源位置即可（像是一些伺服器會依照請求即時產生的資料）。

- 所有函式使用包含 URL 的字串作為取得所需資源之格式規範。
- 所有函式會傳回一個 `Promise` 物件（參閱「JavaScript Promises」補充說明）。
- 所有的函式都可以額外傳入一個 `RequestInit` 物件。在這個物件中被允許的元素以及它們的值被以 Fetch 標準所定義；它們控制遠端通訊的各種細節，像是存取權限與快取。在相對來說簡單的應用中，這其中的部份也是相關的；我們將會在這一節快要結束的地方討論其中的一部份。
- 方便用來剖析表格式資料的函式也會取得轉換的函式，這些函式將會在資料被讀取時加以套用（我們將會在下一節中討論轉換函式）。

表 6-1 擷取資源的方法（所有方法均會傳回一個 Promise 物件）

函式	說明
`d3.text( url, init )`	擷取指定的資料，並把它視為 UTF-8 編碼的字串。[a]
`d3.json( url, init )`	擷取指定的資料，並把它作為是 JSON 格式加以剖析之後放入物件中。[a]
`d3.dsv( delimiter, url, init, converter )`	傳入一個分隔符號（例如 ","），以及一個 URL 作為必須的參數。擷取指定的資源，它必須包含一個描述用的標頭列，然後使用分隔符號去剖析這些以分隔符號進行區分的值；得到的結果會是一個物件陣列。最後一個參數可以設定選用的轉換函式。
`d3.csv( url, init, converter )`	擷取指定的資源，它必須包含描述資源的標頭列，然後把它以逗號分隔值的方式剖析；最終結果將會是一個物件陣列，最後一個參數可以設定選用的轉換函式。
`d3.tsv( url, init, converter )`	擷取指定的資源，它必須包含描述資源的標頭列，然後把它以定位符號分隔值的方式剖析；最終的結果將會是一個物件陣列。最後一個參數可以設定選用的轉換函式。
`d3.html( url, init )`	擷取指定的資源並且把它剖析成為一個 `HTMLDocument` 元素。
`d3.svg( url, init )`	擷取指定的資源並且把它剖析成為 `SVGDocument` 元素。
`d3.xml( url, init )`	擷取指定的資源並且把它剖析成為 `Document` 元素。
`d3.image( url, init )`	擷取指定的資源並且把它剖析成為 `HTMLImageElement` 元素。
`d3.blob( url, init )`	擷取指定的資源並且把它剖析成為一個 `Blob` 物件。[a]
`d3.buffer( url, init )`	擷取指定的資源，然後把它當作是一個 `ArrayBuffer` 物件。[a]

[a] 這個函式複製 Fetch API 的一部份。

JavaScript Promises

JavaScript Promise 是一個物件，此物件用於協助非同步函式呼叫以及相關聯的回呼函式。then(onSuccess, onFailure) 成員函式會使用到兩個回呼函式，這兩個函式會根據原始非同步呼叫的成功或失敗決定要調用到其中的哪一個。兩個回呼函式在被呼叫時都會使用到一個引數（滿足的值或是被拒的理由，其中的細節是根據 Promise 物件建立時的情境來決定）：

```
promise.then(function(value ) { /* ... handle success */ },
             function(reason) { /* ... handle failure */ });
```

兩個回呼函式都是可選用的；任何一個被忽略不指定都不會產生錯誤。

即使在非同步呼叫發生之後，回呼函式也可以被附加到 Promise 上；之後，Promise 將會確保無論誰被呼叫都能夠呼叫到正確的回呼函式。在同一個 Promise 物件上 then() 可以被呼叫許多次，用來對一個非同步呼叫註冊多個回呼函式。

then() 函式回傳一個新的 Promise 物件，包裝了回呼函式所提供的結果。這使得方法鏈形式的非同步呼叫成為可能：

```
promise.then( handler1 ).then( handler2 );
```

Promise 物件精確的語意異常地複雜；你可能需要為更複雜的應用程式去查閱適當的參考說明文件[1]。

範例

來看一些範例。假設你有一個簡單的 JSON 檔案，如下：

```
{ "val": 5, "txt": "Hello" }
```

接著，使用以下的方式讀取（並存取其屬性值）：

```
d3.json("simple.json").then(res=>console.log(res.val,res.txt));
```

1 例如，MDN 的 Promises 指引（*https://mzl.la/2Pr4Aqp*）。

JSON 剖析器還滿挑剔的，請確認 JSON 格式的正確性（而且 JSON 屬性鍵必須要使用雙引號，這與 JavaScript 物件初始器的語法形成鮮明的對比）！

要取得一個位元圖形並把它附加到文件（或頁面）上也很容易：

```
d3.image( "image.jpg" ).then( function(res) {
    d3.select( "#figure" ).append( () => res ) } );
```

這個程式碼假設頁面含有一個預留位置並具有正確的 id 屬性（例如，<div id="figure">...</div>）。請留意 append() 函式的引數：它是一個沒有引數的函式，而它會傳回擷取的結果！要這樣迂迴設定的原因是，append() 可以處理字串或是一個回傳節點的函式，但並不是節點本身。擷取的結果是一個節點，因此就需要把它像這樣地「包裝成一個函式」。

最後，讓我們假設你有一個 SVG 檔案，它包含了一個你想要重用的符號定義：

```
<svg xmlns="http://www.w3.org/2000/svg"
     xmlns:svg="http://www.w3.org/2000/svg">
  <defs>
    <g id="heart">
      <path d="M0 -3 A3 6.6 -35 1 0 0 6 A3 6.6 35 1 0 0 -3Z" />
    </g>
  </defs>
</svg>
```

你可以把這個 <defs> 段落插入目前的文件中，然後用下列方式使用這個定義好的符號：

```
d3.svg( "heart.svg" ).then( function(res) {
    d3.select("svg").insert( ()=>res.firstChild,":first-child");
    d3.select("svg").append( "use" ).attr( "href", "#heart" )
        .attr( "transform", "translate(100,100) scale(2)" );
} );
```

再一次，留意如何去把擷取的結果包裝成一個函式。在這段程式碼片段中，res 是一個 DOM SVGDocument 實例（不是一個 D3 的資料型態），因此你必須使用原生的 DOM API 去擷取這個 <defs> 元素（SVG 文件的第一個也是唯一的一個子項目）。

在這個例子中的外部 SVG 檔案包含了 XML 名稱空間的宣告。到目前為止我們並不用去擔心 XML 名稱空間的問題（因為 D3 會為我們做大部份相關的事）。在此，它們是需要的，否則這個 SVG 剖析器就沒辦法正常運作。

使用 RequestInit 物件控制擷取

大部份的時間裡，在表 6-1 中的函式是在沒有調整的情況下作業。但是 API 的簡單性以及便利性隱藏了底層的複雜性（以及有時候在發生錯誤時會妨礙正確的診斷）。用來控制遠端通訊各個細節的是 `RequestInit` 物件，它是所有在表 6-1 中的函式所接受的一個額外的參數[2]。

快取：瀏覽器可以**快取**從遠端位置所擷取到的資源，也因此會讓遠端資源的改變將無法在瀏覽器中即時取得。特別是在開發階段時，這會是一個主要的困擾。一個避免所有瀏覽器對遠端資源進行快取的簡單方法是把 `cache` 屬性設定為 `no-store`：

```
d3.svg( "heart.svg", { cache: "no-store" } ).then( ... );
```

這在開發階段是一個好的作法，但是在上線階段避免瀏覽器快取卻是一種資源的浪費。資源快取的細節還滿複雜的；你可能會想到參考更多的資料[3]。

第三方資源以及 CORS：當嘗試使用 Fetch API 去第三方網頁中載入資源時，你可能偶爾會遇上一些奇怪的錯誤或是權限上的問題。瀏覽器拒絕完成在執行階段中使用 JavaScript 所提出的請求，就算資源是可以使用一個命令列工具讀取，或甚至可透過瀏覽器中 URL 的點擊也是一樣。產生問題的原因可能是瀏覽器的**相同來源政策**以及 *Cross-Origin Resource Sharing*（CORS）機制，它會限制 JavaScript 存取第三方的資源[4]。

CORS 協定是一種奇怪的方式，它在瀏覽器和伺服器之間劃分責任（在一般的條件下，伺服器會傳送被請求的資源到瀏覽器，但是瀏覽器將會拒絕讓它被自己的 JavaScript 執行期存取！），而且不同的瀏覽器對於 CORS 政策也有不同的作法。`RequestInit` 物件的 `mode` 屬性項包含了一些額外的資訊[5]。

CORS 依賴瀏覽器和伺服器之間的相互作用。特別是，伺服器**必須**被組態成可以送出一個正確的標頭資訊，如果不是的話，那你也沒辦法做什麼事。你必須分開下載需要的資源，而且從你自己的伺服器進行服務，或是透過代理伺服器存取資源。

---

2 參閱 MDN Fetch 參考文件（*https://mzl.la/2XA2ozE*），它列出了所有有效的參數。

3 例如：MDN Request Cache 參考文件（*https://mzl.la/2V3TC03*）以及擷取的快取控制（*https://mzl.la/2UxsEsx*）。

4 我覺得最佳的介紹是 Spring 的「Understanding CORS」（*https://spring.io/understanding/CORS*）。

5 請參閱 MDN Request.mode 的參考文件（*https://mzl.la/2PCKmtL*）。

寫入一個檔案。偶爾，你會有寫入檔案的需求（例如，要把圖形儲存成為一個 SVG 檔案）。但是這並不是一件容易的事，因為本地檔案是不能在 JavaScript 中進行存取的。然而，我們可以上傳一個檔案（或任何資料，以這個問題來說）到伺服器。範例 6-1 展現了如何完成這樣的操作（一個非常類似的函式被使用來擷取本書所使用的圖形）。

範例 *6-1* 用來上傳在一個頁面中所有 *SVG* 圖形到伺服器的函式

```
function upload() {
    var out = new FormData();                                   ❶

    d3.selectAll( "svg" ).each( function() {                    ❷
        var id = d3.select( this ).attr( "id" );                ❸
        if( id ) {
            out.set( "filename", id );
            out.set( "data", this.outerHTML );                  ❹

            d3.text( "http://localhost:8080/upload",            ❺
                     { method: "POST", body: out } )
                .then( function(r) { console.log("Succ:", id) },  ❻
                       function(r) { console.log("FAIL:", id) } );
        } } );
}
```

❶ 建立一個 `FormData` 物件作為資料上傳的容器。

❷ 為頁面中的每一個 SVG 元素呼叫接下來的匿名函式。

❸ 擷取元素 `id` 屬性的值（它將在稍後成為檔案名稱）。如果沒有 `id` 屬性，就忽略掉上傳作業。

❹ 頁面元素的 `outerHTML` 是元素的內容加上用來建立這個元素本身的標籤。在此例，是由 `<svg>` 標籤和所有它的子項目所組成的。`innerHTML` 則就只有它的內容而不包括包圍內容的標籤。

❺ 使用 HTTP POST 方法上傳 `FormData` 元素到一個合適的伺服器上。請注意 `RequestInit` 物件是如何被運用以保持 payload 和方法的規格。

❻ 列印出確認訊息到瀏覽器的 console。

當然，所有這些均假設伺服器是監聽在指定的 URL 以及可以處理上傳的資料，並可以做一些相關有用的操作（例如，把上傳的資料儲存到磁碟機上）。

剖析以及寫入表格式的資料

D3 提供了函式可以剖析（或寫入）包含以分隔符號區隔之資料的字串（參考表 6-2 和 6-3）。它們主要的目的是為了 "text/csv" MIME 型態的資料（如 RFC 4180 所載），這種格式經常用於試算表程式上。一些關於剖析更一般化的檔案格式在下一個小節中有一些註解說明。

這個函式庫支援兩個不同的型態去表示一個資料集：

- `parse()` 和 `format()` 函式把每一筆紀錄都當作是一個物件。
  - 物件屬性項的名稱會從檔案的第一列（或標題列）取得，它們必須是存在的。
  - 資料集是以物件陣列的方式回傳。
- `parseRows()` 和 `formatRows()` 把每一筆紀錄都當作是一個（欄的）陣列。
  - 整個檔案，包括它的第一列，都被當作資料。
  - 資料集是以陣列的陣列方式回傳。

如果輸入的檔案並不包含一個具備說明欄位資訊的標頭列，請使用 `parseRows()`。由 `parse()` 回傳的 `Array` 物件提供了額外的成員變數 `columns`，它包含了原始欄位名稱的列表，是以輸入檔案的順序來排列。

表 6-2 剖析和格式化以分隔符號區分的資料之方法（p 是 parser-formater 的執行實例）

函式	說明
`d3.dsvFormat( delim )`	回傳 parser-formatter 實例。其中必要的參數指定了使用的分隔符號，這個符號必須是單一字元。
`p.parse( string, converter )`	剖析輸入的字串並傳回一個物件陣列。輸入的第一筆紀錄要包含欄位名稱，它將會被用來作為在建立物件中的屬性名稱。如果有提供，附加的轉換函式會在每一個紀錄被分割成欄位時呼叫，它需要傳回一個物件。
`p.parseRows( string, converter )`	剖析輸入的字串，傳回一個陣列的陣列。如果有提供，額外的轉換函式會在每一個紀錄被分割成欄位時呼叫，它需要傳回一個陣列。
`p.format( data, columns )`	取得一個物件的陣列然後傳回一個以分隔符號區分的字串。在輸出中包含有序的屬性名稱陣列是可選用的，如果把它忽略，所有的屬性項會被包含進去（任意順序）。
`p.formatRows( data )`	取得一個陣列的陣列，然後傳回一個以分隔符號區分的字串。

欄位值的轉換

不論你使用 parse() 或是 parseRows()，欄位的值都是字串；值並不會被自動轉換為數值。有時候在程式的其他部份需要以數值作為輸入時會引發問題。基於這樣的理由，最好的方式就是總是很明確地把輸入轉換成數值。

你可以提供額外的第二個參數給 parse() 或是 parseRows() 以執行像這樣的轉換或是執行需要的資料清理作業。這個函式將會在每一個輸入列被區分為各個欄位時進行呼叫，然後把它們轉換成 1 個物件或是陣列。因此，它的目的並不是將每一列解析為欄位，而是將轉換套用到每一個欄位值上。

轉換函式將會被接收到三個引數：

- 當前列的欄位值（作為物件或陣列）
- 當前列的列號（從 0 開始，不計入標題列）
- 欄位名稱的陣列（parse() 才有）

轉換函式需要傳回一個物件或是陣列，用來代表目前列（或 null，或是 undefined，以跳過當前列）。

對於只包含字串、數值、和日期的資料檔案，你可以使用內建的轉換函式 d3.autoType()，它可以依照項目看起來「像是」數值或是日期的樣子來進行轉換。對於更複雜的情況，你需要編寫自己的轉換函式。考量以下的 CSV 檔案：

```
Year,Month,Name,Weight (kg)
2005,1,Peter,86.3
2007,7,Paul,72.5
```

以下的程式碼會把它轉換成一個物件陣列，物件中包含小寫的成員名稱以及正確的資料型態：

```
d3.text( "csv.csv" ).then( function(res) {                 ❶
    var data = d3.csvParse( res, (d,i,cs) => {
        return {
            date: new Date( d.Year, d.Month-1 ),           ❷
            name: d.Name,                                  ❸
            weight: +d["Weight (kg)"]                      ❹
        };
    } );
    console.log( data );
} );
```

❶ 載入一般的文字、剖析、並在回呼函式中進行轉換。

❷ 把兩個欄位合併到 Date 型態（JavaScript 的月份索引數從 0 開始計數）。

❸ 把屬性項名稱轉換成小寫。

❹ 去除無效的屬性項名稱，把值轉換為數字。

剖析任意符號的分隔字元

前面的程式碼片段使用方便的 d3.csvParse() 函式，這個函式假設使用的是一個以逗號分隔的檔案。因為逗號分隔以及定位符號分隔的檔案很常見，因此 D3 為它們提供了一組簡要的表示法（請參考表 6-3）。至於任意的分隔符號，你需要先使用 d3.dsvFormat(delim) 啟始一個 parser-formatter 執行實例，然後利用這個執行實例呼叫 parse()、format()（或 parseRows()、以及 formatRows()），並在呼叫的時候提供要剖析的輸入字串（或是把陣列格式成字串）。分隔符號引數是強制性的，而且它必須是一個單一字元。換句話說，你可以利用 d3.csv() 在擷取資源時一併進行剖析。在此，有 3 種方法可以達成相同的效果（data 需要是一個物件陣列，否則要使用 d3.csvParseRows() 或 parser.parseRows()）：

```
d3.csv( "csv.csv" ).then( function(res) {
    var data = res;
} );

d3.text( "csv.csv" ).then( function(res) {
    var data = d3.csvParse( res );
} );

d3.text( "csv.csv" ).then( function(res) {
    var parser = d3.dsvFormat( "," );
    var data = parser.parse( res );
} );
```

表 6-3 逗號分隔和定位符號分隔檔案的快捷寫法，這些函式和表 6-2 是相同的

逗號分隔	定位符號分隔
d3.csvParse(string, converter)	d3.tsvParse(string, converter)
d3.csvParseRows(string, converter)	d3.tsvParseRows(string, converter)
d3.csvFormat(data, columns)	d3.tsvFormat(data, columns)
d3.csvFormatRows(data)	d3.tsvFormatRows(data)

產生表格式的輸出

format() 和 formatRows() 函式實作了反向的作業：把資料結構串列化為字串。它的輸入必須是物件陣列（給 format() 函式用的，如果是 formatRows() 函式，則要使用陣列的陣列）。format() 函式使用一個額外的附加引數，是打算被包含到輸出的物件屬性項名稱串列，如果把這個引數忽略，一個從全部輸入所找到的所有屬性項名稱之集合會被使用。建立的字串欄位會使用指定的分隔符號進行區隔，紀錄則是以換列符號（\n）來區分，欄位如果需要的話還要加上引號。

使用正規表達式剖析以空白符號分隔的資料

就算是資料檔案不符合前面介紹過的方法所需要之格式，它提供的基本架構也可以拿來運用。例如，考慮這個情況，那些使用空白字元（所有定位符號和空格）作為欄位分隔的資料檔案。這是可以利用正規表達式的情況，以下的程式碼片段展示如何使用它們以連接之前所有的作業框架：

```
d3.text( "txt.txt" ).then( function(res) {
    var parser = d3.dsvFormat( "" );                              ❶
    var rows = parser.parseRows( res, function(d, i, cs) {        ❷
        return d[0].split( /\s+/g ).map( x => +x );             ❸ ❹
    } );
    console.log( rows );
} );
```

❶ 建立一個 parser-formatter 實例，選用一個確定不會出現在輸入檔案中的分隔字元（空字串似乎是可以用的，但是 ASCII NUL 字元 "\0"，或是其他你確定它不會出現的字元，提供了替代方案）。

❷ 因為分隔字元並不會出現在輸入中，在此不會執行欄位的分隔作業（但是輸入的資料可正確地被區分成列或紀錄）…

❸ …因此，「欄」的值陣列 d 只有一個元素。split() 函式被呼叫時，使用正規表達式找出任何符合空白字元之組合。

❹ 最後，所有結果的欄位值均被轉換成數值。

格式化數字

JavaScript 本身並未提供類似於 `printf()` 這種能夠格式化字串的函式。D3 提供了補救的措施：一個源自於 Python 3 中的格式化功能函式。本節會說明如何把數字轉換成人類易讀的字串型式；而格式化時間戳記的相關函式則會在第 10 章中討論。

概括來看，要格式化一個值的工作流程包含以下三個步驟：

1. 取得一個 *locale* 物件（或使用目前的「default locale」）。
2. 使用這個 locale 物件取得一個 formatter 實例，以用於接下來的輸出格式。
3. 套用這個 formatter 到數值之上，讓此數值格式成人們易讀的字串表現格式。

當然，你可以把這三個步驟合併在同一個敘述中，而不是在個別的步驟中使用中間值物件傳遞。例如，使用預設的 locale，可以簡單地描述如下：

```
var str = d3.format( ".2f" )( Math.PI );
```

Locale

有兩個函式可以取得 locale 物件（參閱表 6-4）。這兩個函式都需要一個 locale 定義作為輸入。locale 定義指定了諸如匯率符號、數字格式、月份和星期的名稱等等細節（請參閱 D3 的說明文件（*https://github.com/d3/d3/blob/master/API.md*））。D3 可用的 locale 定義可以在 *https://unpkg.com* 中找到，它是一個使用 JavaScript 套件管理器 *npm* 所管理的儲存庫。以下的程式碼片段示範了如何去擷取以及使用一個新的 locale 定義。它印出字串 `3,1316` 到主控台，依循的是德國使用逗號（不是點號）表示數值指示符的慣例：

```
d3.json( "https://unpkg.com/d3-format/locale/de-DE.json" ).then(
    function( res ) {
        var loc = d3.formatLocale( res );
        console.log( loc.format( ".4f" )( Math.PI ) );
    },
    function( err ) {
        throw err;
    }
);
```

表 6-4：用來建立 locale 物件的工廠方法

函式	說明
`d3.formatLocale( def )`	傳入一個 locale 定義，然後傳回一個 locale 物件。
`d3.formatDefaultLocale( def )`	傳入一個 locale 定義，然後傳回一個 locale 物件，同時把它設定為預設的 locale。

Formatter

locale 物件作為一個工廠為 formatter 提供服務。一旦你選擇了一個 locale（不論是指定一個或是使用預設的 locale），即可藉由提供想要的輸出字串的設定，使用它去取得一個 formatter 實例。formatter 是一個函式物件，傳給它一個數值，它會返回一個格式化後的字串（相較於 `printf()` 函式，它不能同時建立一個包含多個格式化值的字串）。所有產生 formatter 物件的工廠函式列示在表 6-5 中。

表 6-5 建立數值 formatter 實例的工廠方法（loc 是 locale 實例）

函式	說明
`d3.format( fmt )`	傳回一個使用目前預設 locale 的 formatter 實例，格式定義在字串 `fmt` 中。
`loc.format( fmt )`	使用指定在 `fmt` 字串中的格式化設定為接收者，locale 傳回一個 formatter 實例。
`d3.formatPrefix( fmt, scale )`	為目前預設的 locale 傳回一個 formatter 實例。數量被描述作為所提供的「scale」引數的乘數，它必須是工程次方表示的 $10^{\pm 3}$、$10^{\pm 6}$、$10^{\pm 9}$ 等等，scale 必須在輸出字串中以 SI 作為前置字元來表示。
`loc.formatPrefix( fmt, scale )`	和 `d3.formatPrefix()` 相同，但是它是給 locale 接收者用的。

除了一般常用的 formatter 之外，還有一個特殊的 formatter 可以使用**固定**的工程單位來表示所有的數量。例如，它將會用「kilos」、「millis」或是任何你選用的數量單位來表示所有的數量（參閱 D3 的參考文件（*https://github.com/d3/d3/blob/master/API.md*），或維基百科 Metric Prefixes 頁面（*http://bit.ly/2Vph4nQ*），可以找到所有可用的前置字元）。此行為未透過提供的輸出格式指示，相反地，你必須使用特殊的工廠函式以取得一個具備此行為的 formatter。例如：

```
d3.formatPrefix( ".4f", 10e-3 )(Math.PI) === "3141.5927m"
d3.formatPrefix( ".4f", 10e3 )(Math.PI)  === "0.0031k"
```

一個 formatter 物件可以被重用於格式化許多的值。這段程式碼讓一個數值的陣列可以變成一個格式化字串的陣列：

```
var f = d3.format( ".3f" );
[ Math.E, Math.PI ].map( f );
```

格式或轉換指示器

格式指示器字串最多可以由 9 個不同的欄位組成：

```
[[fill]align][sign][symbol][zero][width][,][.precision][type]
```

參閱表 6-6 可以看到它們的允許值和它們的效果。請留意，你不需在格式化規範中使用 %（與 printf() 中的習慣比較的話）。

表 6-6 數值的轉換指示器

欄	指示器	說明
fill	任意字元	當對齊數值時用於填充字元。
align	>	在可用的空位內靠右對齊數值（預設值）。
	<	在可用的空位內靠左對齊數值。
	^	在可用的空位內置中對齊數值。
	=	數值靠右對齊，符號靠左對齊。
sign	-	對負值加上「-」，非負值則不加任何符號（預設值）。
	+	對負值加上「-」，否則加上「+」。
	(	負值加上括號，否則不加上任何符號。
	空白	對負值加上「-」，否則加上一個空白。
symbol	$	對每一個 locale 定義插入匯率符號。
	#	前置 2 進位（0b），8 進位（0o），或 16 進位（0x）符號。
zero	0	當出現一個 0 時，就設定「>」以及「=」旗號，覆寫其他的設定。
width	數字	定義最小的欄位寬度。如果數值沒有用完這個寬度，則數值會被進行填充。如果沒有此項設定，則寬度會由內容本身來決定。
,	,	當逗號出現時，分組的分隔字元就會被使用。
precision	數字	十進位數字右側的位數（f、%）；有效位數（e、g、r、s、p，以及沒有指定 type）。預設值是 6，但當 type 指示器不提供時和 12 相同。整數的格式會被忽略（b、o、d、x，以及 X）。

欄	指示器	說明
type	e	指數表示。
	f	浮點數表示。
	g	如果結果的字串少於有效位數，則為十進位表示，否則為指數表示。
	r	十進位表示，裁切到有效位數。
	s	使用 SI 前置字元之十進位表示，裁切到有效位數。
	%	乘上 100，之後加上百分符號的十進位表示。
	p	乘上 100，裁切到有效位數，然後加上百分符號的十進位表示。
	b	裁切到整數的二進位表示。
	o	裁切到整數的八進位表示。
	d	裁切到整數的十進位表示。
	x	裁切到整數的十六進位表示，使用小寫字母。
	X	裁切到整數的十六進位表示，使用大寫字母。
	c	轉換整數成對應的 Unicode 字元。
	n	,g 的簡寫法（使用分組符號）。
	missing	和 g 類似，但是忽略尾隨的 0。

D3 包含一些可以幫助建構格式化指示器的函式，其中第一個是 `d3.formatSpecifier(fmt)` 函式，它剖析 `fmt` 指示器成為它的組成欄位。你現在可以觀察個別的值，甚至變更其中一些欄位（儘可能以程式設計的方式），然後再一次把這些值接在一起以得到一個基於舊版內容的新指示器。其他的函式（`d3.precisionFixed()`、`d3.precisionPrefix()` 以及 `d3.precisionRound()`）幫助你為在一個指示器中的精確欄位找到正確的值，以取得最佳的解法（也就是，在連續值之間的最小差異），也就是那些你仍然想要看得見的部份。這些函式在內部使用（例如，為軸刻度記號決定正確的格式），但是它們也可以使用在一般的用途上。

第七章

數值到視覺化：插補、Scale、以及軸

任何型式的視覺資料表示所包含的是，一個在原始資料值和它們的視覺圖形之間的對應關係。資訊可以被編碼成不同的型式，端視當時的情況與目的：圖形中符號的位置可能是最常見的視覺化表現型式，但是符號的大小或是顏色也經常被使用到。

在 D3 中，scale 物件實例可以被使用於對應來自於輸入域的資料值到輸出範圍。scale 的抽象化便於讓它提供一個一致化的 API，以在任何輸入的組合和輸出值之間進行對應：數值到顏色、字串到尺寸大小、物件到位置等等。

規律地間隔以及標示記號（刻度符號和標籤）的軸是良好設計視覺圖的重要元素，因為它們讓觀察者在圖形展示中連結到數量的資訊—或者，更一般化的說，從圖形元素「映射回」原始的問題域中。一旦 scale 物件被設定以及組態到一個特定的視覺化問題上之後，它也可以被使用來建立一個必須的刻度記號或是格線，D3 也提供了可以做這些事的函式。

要產生一個對於**任意**有效的輸入值之正確的輸出值，scale 物件需要可以在數值之間進行**插補**的作業。D3 提供一些一般化的功能，不只可以在數值之間進行插補，也可以在顏色、字串、甚至更一般化物件中執行插補作業。我們將會簡要地先說明它們，接著會討論許多不同的 scale 物件。最後，你將會看到如何使用 scale 物件去建立軸和刻度標記。

插補

在兩個值之間平順地插入一些值的需求經常會遇到，例如，建立一個平順的動畫，以及設計一個連續的顏色梯度。作為一個讓使用者便於使用的功能，D3 的無縫插補不只可以在數值之間，也可以是日期、顏色、內嵌數字的字串、甚至是包含這些元素的任意複合資料型態。這些行為看起來可能相當地神奇，但偶爾在插補，模型的限制上沒被正確地運用時會產生預期之外的結果。因此，底下會依照順序說明它們內部的運作。

泛用插補的運作方式

瞭解插補的首要之務是 D3 主要是基於插補間隔的**終端點**做出決策；從起始點被強制符合到終端點。從插補值回傳的值也將會被設定成和終端點相同的**型態**（請留意底下的第 2 和第 4 項，基於效能的理由，日期、陣列、以及物件的插補在每次呼叫時都會回傳一個到相同物件的參考，而且只會改變物件的內部狀態）。

1. 常數，null 值、以及布林值並不會被插補；此值主要在終端點上。
2. 數值、顏色（不論是 CSS 字串或 D3 顏色物件）、以及 JavaScript `Date` 物件都可以被個別地進行插補。數值和日期是線性的插補，而顏色的插補則視色彩空間而定。
3. 如果終端點是字串（除了顏色表示字串之外），會先搜尋其中內嵌的數字。如果在起始點中的等效位置（以正規表達式的方式）有找到數字，則此數字會被進行插補。字串的其餘部份則會被從終端點中取出。
4. 如果終端點是一個陣列物件，它會被遞迴地搜索出內嵌的值。如果在起始點的等效位置中找到值則會進行插補，否則就是終端值。

終端點的優勢意味著當在例如字串 `"10px serif"` 和 `"22px Helvetica"` 之間進行插補作業時，只有**數字**會被執行插補，但是剩下的字串將會取自於終端點中的內容。可能和預期的相反，字型並不會在間隔的中間改變，而是自始至終均使用 Helvetica。

最後，請記得儘管 D3 的插補作業相當聰明，但是它並不具備語意解析的能力。巢狀的資料結構會被搜尋內嵌的數值（或是其他型態），但是你不應該嘗試在兩個 CSS 類別*名稱*之間進行插補，並預期所有在 CSS *樣式*中相對應的數值都會被執行插補作業。

實作的注意事項與客製化的插補器

D3 插補器是一個函式，它取得一個介於 0 到 1 之間的值作為它的引數，並傳回一個適當的插補值。當在 0 或 1 上計算時，它應該分別傳回起始點和結束點。

D3 提供獨立的工廠函式用於所有可以插補的型態，或者你也可以使用一般化的工廠函式：

```
d3.interpolate( start, end )
```

它傳回基於插補區段終端點的一個合適的插補器實例，就如同我們在之前所說明的。

標準的數字插補器使用線性的插補方式：$v = (1 - t)\ a + t\ b = a + (b - a)\ t$，$0 \leq t \leq 1$，而 a 和 b 分別是插補區間的起點和終點。當然，你可以使用其他的映射方法編寫自己的插補器（請比較第 4 章的 D3 轉移一文中的客製化自訂插補器的討論）。

D3 提供兩個基於曲線板建立客製化的插補器：`d3.interpolateBasis()` 以及 `d3.interpolateBasisClosed()`。每次取得一個值的陣列*必須是數字*，而且把它們當做是等（水平）間隔的節點。`d3.interpolateRgbBasis()` 的變化形是用於顏色插補之用，請參考範例 8-1 和 8-4。

Scales

scale 物件主要用來做值的對應（像是對應資料值到像素座標或像素顏色）。當然，它們也可以被使用於*任何*種類的對應作業。

D3 提供的各種預先定義 scale，主要可以分為三個寬廣的組別，以來源和目標值的特性區分如下：

連續性的 scale

映射一個連續性的範圍到另外一個範圍。

分箱 scale

對應一個連續性的數值範圍到一組離散的箱子。

離散（有序的）*scale*

對應一組離散值到另外一組離散值。

原始的空間被稱為來源（source）或輸入域（input *domain*），而最終的空間則被稱為目標（destination）或輸出範圍（output *range*）。命名的慣例必須被結合到記憶體中：

Scale 物件映射輸入域到輸出範圍。

有時候，啟動一個 scale 物件似乎沒有必要。它似乎是簡單到直接索引形狀陣列或是顏色陣列，或執行一些線性轉換即可。但是，scale 物件還提供了這些直接作業所做不到的一些優點：

- scale 物件在一處綁定資料。如果輸入域或輸出範圍改變了，你只需要更新 scale 物件即可。
- scale 物件提供額外的服務。例如，ordinal scale，就比直接到陣列中進行索引更為強健，因為在輸入值的數量大於陣列的長度時，它們會在陣列中循環使用元素。
- 雖然它們的定義更細瑣，但是 scale 物件實際的呼叫是非常輕量化的，如此就可以特別地簡化巢狀的程式碼。

scale 物件是一個非常好用的抽象化功能，使用它們就對了！

連續性的 Scale：從數字到數字

所有「連續性」的 scale（那些對應連續數字到另外一段連續性數字）支持一組通用的操作（請參閱表 7-1）。你可以從以下其中一個工廠函式取得連續性的 scale 實例（在公式中，sgn(x) 是 sign 函式，而 $|x|$ 則是表示 x 的絕對值）。

`d3.scaleLinear()`

- 傳回一個連續性的 scale 物件，包含輸入域 `[0, 1]` 以及輸出範圍 `[0, 1]`，然後把 clamping 取消。
- 領域會被以 $y = ax+b$ 進行映射到被適當計算的 a 和 b 的值。

`d3.scalePow()`

- 傳回一個連續性的 scale 物件，包含輸入域 `[0, 1]`，輸出範圍 `[0, 1]`，以及指數 $k = 1$，然後把 clamping 取消。

- 領域會被以 $y = a\ sgn(x)|x|^k + b$ 進行映射到被適當計算的 a 和 b 的值。
- 這個 scale 物件提供一個額外的方法 `exponent(k)` 去設定或讀取指數；指數可以是負值。

`d3.scaleSqrt()`

- 這是一個和 `d3.scalePow().exponent(0.5)` 等效的便利函式（當在符號區域中對資料進行編碼時，透過這個函式用來尋找符號的半徑時很好用）。

`d3.scaleLog()`

- 傳回一個連續性的 scale 物件，包含輸入域 `[1, 10]`，輸出範圍 `[0, 1]`，以及基底 $b = 10$，然後把 clamping 取消。
- 領域會被以 $y = a\ log(|x|) + c$ 進行映射到正確的 a 和 c 值，並且是以目前的基底進行對數計算。
- 這個 scale 物件提供一個額外的方法 `base(b)` 去設定或讀取對數的基底。
- 對於對數 scale 來說，輸入域間隔必須限定在正數區或是負數區，它不能包含或是跨越 0。一個限制在負值的輸入域是有效的；絕對值將會在對數被取用之前套用到所有的引數上。

`d3.scaleTime()`

- 傳回一個時間戳記的連續且線性物件。輸入域的值被作為 `Date` 物件來解讀；`invert()` 傳回一個 `Date`。
- 刻度記號被產生在對時間戳記有意義的間隔上（像是 1、5、15 以及 30 分鐘）
- `ticks()` 方法可以接受一個想要的刻度記號計數，或是一個時間間隔（參考表 10-5）以指示在刻度記號之間的留白。

`d3.scaleUtc()`

- 和 `d3.scaleTime()` 類似，但時間戳記是以 UTC 來解讀。

表 7-1 連續性 scale 物件的方法（sc 是連續性 scale 實例）

函式	說明
`sc( x )`	從輸入域給一個（數字的）值 x，傳回在輸出範圍中的一個相對應值。如果 clamping 是啟用的，則傳回值會被限制在已定義的輸出範圍中。
`sc.invert( y )`	從輸出範圍中取一個值 y，傳回在輸入域中相對應的值。如果 clamping 是啟用的，傳回值會被限制在已定義的輸入域中。
`sc.domain( [ invalues ] )`	設定輸入域到提供的陣列中。如果陣列的元素不是數字，它們將會被強制轉換成數字。這個陣列必須包含最少兩個元素。如果多於兩個，則會被和範圍元素配對，然後插補作業會在每一個子區間內分別執行。如果這個陣列包含多於兩個元素，它們必須被排序（不論是正序或倒序均可）。
`sc.range( [ outvalues ] )`	設定輸出範圍到提供的陣列；這個陣列元素不一定要是數值。這個陣列必須至少包含兩個元素。如果它包含更多的元素，則它們會被和相對應的域元素配對，而插補作業會在每一個子區間中分別加以執行。
`sc.clamp( boolean )`	如果提供的參數在計算之後是 `true`，則啟用 clamping，否則關閉 clamping。如果 clamping 是啟用的，則傳回的值會被限制在指定的區間中（對於大部份的 scale 物件，clamping 的預設值是關閉的）。
`sc.ticks( count )`	傳回一個相等間隔的陣列，並會從輸入域中進行數值上的「裁切」。這項作業可以設定一個額外的 `count` 引數，它被作為回傳元素個數的提示，預設值是 10。
`sc.tickFormat( count, format )`	傳回一個 formatter 物件（參考第 6 章）以渲染從 `ticks()` 函式所回傳的值，使其成為適合人們閱讀的精確字串。`count` 的值應該和一個提供到 `ticks` 函式的值是一樣的，也可以提供一個客製化的格式以覆蓋預設的格式。
`sc.nice( count )`	延伸輸入域使其結束點落到數值「裁切」的值上。引數 `count` 被視為傳回元素個數的提示，預設值是 10。
`sc.copy()`	傳回一個目前 scale 物件的複本。

- 在表 7-1 中的一些函式可以是 getter 或是 setter。如果在呼叫的時候沒有加上引數，則它會作為 getter 傳回目前的值。如果以 setter 方式呼叫，它會傳回目前的 scale 物件，使其可以利用方法鏈的功能特性。
- scale 物件支援 *clamping*。沒有 calmping 的話，計算出的值可能會超出預先定義的輸入域以及輸出範圍區隔。當 clamping 啟用的時候，計算出的值如果可能會超出間隔，它就會落在最接近的邊界上。

- 如果域和範圍都有超過兩個值，則子間隔將會被進行配對，並且會在每一個子間隔中進行插補作業。如果域和範圍的元素個數不相等，會使用比較短的那個元素，多餘的元素會被忽略。這樣的實作需要在輸入域**已排序**的情況才行，不論是升序或降序均可。

本章末尾部份的範例 7-2 和 7-3，展示許多連續性 scale 的許多不同的用法和特性。

循序和發散的 scale

最後，還有 `d3.scaleSequential(interpolator)` 以及 `d3.scaleDiverging(interpolator)` 工廠函式。它們建立的 scale 物件並不是由域或範圍所定義，而是由域和一個插補器實例。它們的 API 比正規的 scale 物件更多限制（例如，它不包含 `invert()` 函式；請參考 D3 的參考說明文件（*https://github.com/d3/d3/blob/master/API.md*）以瞭解更多的細節）。

循序的和發散的 scale 主要是為了顏色的 scale，它們被和顏色空間插補器連結使用（參考範例 8-1）。它們不用作為數值範圍間的任意映射之框架。如果這是你想要的（例如，建立機率繪圖或類似的圖形），則你需要去編寫你自己的映射函式，而不使用 D3 的 scale 物件架構。

分箱 Scale：數字到箱子

D3 提供 3 種 scale 物件的型態，可以用來對應一個數字的連續區間到一組離散的箱子。當被呼叫時，這些 scale 為提供的引數尋找箱子，並傳回值或物件所結合的那個箱子。傳回值可以是任意值，它不一定是數字。例如，在範例 4-7 和 7-3 中，分箱 scale 被使用在映射數值資料到一組分離的顏色。箱子的數目是由可用的傳回值來決定：每一個傳回值會建立一個箱子。

不同的 scale 物件有不同的箱子定義方式（參考圖 7-1）：

- `d3.scaleQuantize()` 工廠傳回一個 scale 物件，它把輸入域切成**相同大小的箱子**。
- `d3.scaleThreshold()` 工廠函式傳回一個 scale 物件，它需要一個**由使用者提供的臨界值集合**以把輸入域切成許多的箱子。
- `d3.scaleQuantile()` 工廠函式傳回一個 scale 物件，它取得一個資料集，然後以這個資料集的**分位數為基礎來計算出箱子**。

由這三個工廠函式所建立的 scale 物件使用三種不同的方法理解 `domain()` 函式的引數：`d3.scaleQuantize()` 作為輸入域的程式，`d3.scaleThreshold()` 作為臨界值來區分箱子，而 `d3.scaleQuantile()` 則是作為資料集中的紀錄。

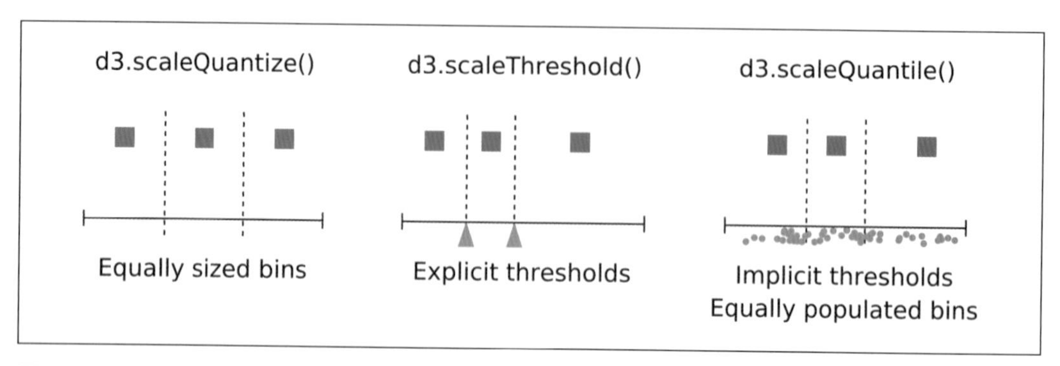

圖 7-1 分箱 scale 使用 3 種不同的方式來把輸入域區分到不同的箱子

分箱 scale 提供一個比用來對應到連續性範圍還要小範圍的 API（參考表 7-2）。特別是分箱 scale 並不支援 clamping：值如果超出域會被對應到第一個或是最後一個箱子中。你可以從以下的工廠函式中得到一個分箱的 scale 物件：

`d3.scaleQuantize()`

- 回傳一個可被區分之連續性數值的輸入域到一組相等大小的箱子中。
- 輸入域必須被指定作為數值的一對。預設是 `[0, 1]`。
- 輸出範圍元素被使用 `range()` 方法函式定義。預設值是 `[0, 1]`。
- 傳回的 scale 物件提供了 `nice()`、`tick()`、以及 `tickFormat()` 函式，它們和在連續性 scale 中所提供的是相同的（參考表 7-1）。

`d3.scaleThreshold()`

- 基於在輸入域中明確的臨界值傳回一個分箱 scale。這些臨界值並不一定要是數字，但是它們必須是可以排序的。
- 這些臨界值被使用 `domain()` 方法定義，到 `domain()` 的引數必須是一個值的陣列，而且要以升序的方式做過排序。
- 輸出範圍的元素被使用 `range()` 方法定義。範圍元素的數目必須比臨界值元素的數量還多。

- 預設的 domain 是 `[0.5]`，預設的 range 是 `[0, 1]`（使得 scale 對應輸入少於 0.5 到 0，而輸入大於或等於 0.5 到 1）

`d3.scaleQuantile()`

- 傳回一個分箱 scale 可以切割一個連續的數字輸入域，到一組基於提供資料集的分位數所區分的箱子中。
- 提供的資料集使用 `domain()` 方法作為一個數值陣列。輸入陣列不一定要經過排序；`Nan`、未定義的、以及 `null` 元素將會被忽略。scale 物件會保留一份整個資料集的複本。
- 輸出範圍元素必須以 `range()` 方法定義。range 元素的數量會決定被計算的分位（如果你提供一個 4 個 range 元素的陣列，則被計算的箱子就會是四分位數，依此類推）。
- domain 和 range 預設都是空的；它們必須明確地被定義。
- scale 物件有一個 `quantiles()` 方法可以傳回一個計算臨界值的陣列。分位數會被依據「R-7」方法進行計算[1]。

表 7-2 分箱 scale 物件的方法（sc 是分箱 scale 實例）。由 d3.scaleQuantize 所傳回的 scale 物件也支援一些方法去組態刻度記號以及標籤

函式	說明
`sc( x )`	給一個來自於 domain 的數值 x，傳回來自於 range 的對應值。如果 x 是在 domain 的外面，會傳回第一或是最後的 range 值。
`sc.invertExtent( y )`	給一個來自於 range 的 y 值，傳回一個 2 元素的陣列，內容包含相對應箱子的邊界。如果 y 不是 range 的元素，則箱子的邊界會是 `NaN` 或是 `undefined`（根據接收者實例的型態而定）。
`sc.domain( [ invalues ] )`	這個引數必須是一個數值陣列。scale 物件將會基於提供的值建立箱子的邊界，細節依據接收者的型態而定。被 `d3.scaleQuantize()` 所建立的 scale 物件會依據輸入域的程度來解譯它們，而被以 `d3.scaleThreshold()` 所建立的物件則是依據臨界值來分箱，至於由 `d3.scaleQuantile()` 所建立的 scale 物件則是依據資料集的紀錄
`sc.range( [ outvalues ] )`	為提供的陣列設置範圍。這個陣列不能是空的，而陣列元素可以是任何的型態。在陣列中的每一個元素均會建立一個箱子。
`sc.copy()`	傳回目前 scale 物件的一個複本。

1 請參閱 *https://en.wikipedia.org/wiki/Quantile*。

離散式或是有序式 Scale：由鍵所建立的順序

由 `d3.scaleOrdinal()` 產生的 scale 用來把離散值對應到另一組離散值（參閱表 7-3）。和一般的雜湊對應不一樣的是，你不需要自己個別地建立每一個鍵 / 值關係，取而代之的，你要註冊一個 domain 值的陣列以及一個 range 值的陣列，然後 scale 物件會自動地依序配對它們。如果輸出的 range 值比輸入 domain 中的元素還少，range 元素會被循環地重複使用。事實上，你甚至不需要事先指定輸入 domain 的值；在預設的情況下，scale 實例會結合每一個新的 domain 值到下一個未使用的 range 元素。在 domain 值一進來的時候關係就會被建立，而且會在下一次再出現時還記得。在輸入 domain 中的值可以是任意值，也不一定要是數字。在內部中，它們會被強制變成字串，並且依據它們的字串表現型式去進行查找。ordinal scale 物件可以從以下的工廠函式中取得：

`d3.scaleOrdinal( [ outvalues ] )`

傳回一個具有空的輸入 domain 和指定的輸出 range 之 scale 物件。如果沒有提供 range 引數，這個 scale 物件將會回傳 `undefined` 直到 range 被定義為止。

對應類別型式的值到一個離散的顏色或形狀，是離散式 scale 物件典型的應用（就應用面來看，可參考範例 5-1 以及 5-6）。有兩個工廠函式用來建立特殊化的 scale 物件（`d3.scalePoint()` 和 `d3.scaleBand()`），它們提供更加方便的功能用來建立散佈圖或條形圖以及直方圖的型式（參考範例 10-1 中 `d3.scaleBand()` 的應用）。

表 7-3 ordinal scale 物件的方法（sc 是一個 ordinal scale 實例）

函式	說明
`sc( x )`	提供一個來自於輸入 domain 的 x 值，傳回在輸出 range 中相對應的元素。如果 x 在 domain 中找不到，則會把 x 加到 domain 中，並把它和下一個 range 中的元素結合在一起（這是預設的作法）。或者，對於一個未知的輸入如果已經指定了一個明確的值，則這個值就會被傳回。
`sc.domain ( [ invalues ] )`	把提供的陣列設定到輸入 domain 中。domain 的元素可以是任意型態，scale 物件將會以字串表示方法來識別它們。當 scale 物件被呼叫而值不在陣列中時，scale 物件將會回傳一個 `unknown`。如果這個 `unknown` 的值已經被設定為一個特殊的值 `d3.scaleImplicit`，則在第一次遇到時會把未識別的輸入值加入到 domain 中，然後把它和下一個 range 元素結合在一起。
`sc.range ( [ outvalues ] )`	把提供的陣列設定給輸出 range；這個陣列元素不一定要是數字。如果 range 元素的數目少於 domain 的值，在 range 中的元素將會被循環地重複使用。
`sc.unknown ( value )`	為未知輸入設定輸出值。如果此引數是特殊值 `d3.scaleImplicit`，則未知輸入會被加到 domain 中，並把它和下一個 range 元素結果—這是預設的操作（請留意，`d3.scaleImplicit` 是一個特殊值，並不是一個工廠函式）。
`sc.copy()`	傳回目前 scale 物件的複本。

Axes

axes（軸）是用來推斷圖形元素位置所代表之量化資訊的重要的方式。在 D3，scale 物件被使用在資料集和像素座標之間的對應，因此在 scale 物件中包裝上 D3 的 axes 元件是很自然的。

Axis 的組成

在圖形上的座標軸是一個複雜的結構，它們通常包含了以下的部份：

- 直線，用以標示實際的軸
- 一組沿著軸的刻度記號
- 每一個刻度記號的標籤

在 D3，這些組成的部份都被一組 SVG 元素所實現（請參考圖 7-2）：

- 一個軸的 `domain` 類別之 `<path>` 元素
- 一組 `tick` 類別的 `<g>` 元素，每一個刻度都有一個。這些 `<g>` 元素中的每一個均包含一個 `<line>` 元素用於刻度記號，以及一個 `<text>` 元素用於相結合的標籤。

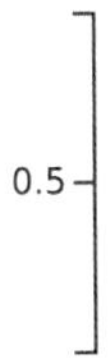

```
<path class="domain" stroke="#000" d="M-6,0.5H0.5V100.5H-6"></path>
<g class="tick" opacity="1" transform="translate(0,50.5)">
   <line stroke="#000" x2="-6"></line>
   <text fill="#000" x="-9" dy="0.32em">0.5</text>
</g>
```

圖 7-2 一個簡短的軸以及組成它的 SVG 元素，這是由軸元件所建立的。

D3 軸功能在內部以及外部刻度記號之間有所區分。外部的刻度記號是實際軸的兩個端點，且被以 `<path>` 元素的部份來實作。內部刻度記號以及標籤的配置組態則是由其底層的 scale 物件來處理。在表 7-5 中的一些方法實際上簡單地把它們的引數傳遞給 scale 物件；如果你不太清楚這些行為，請檢閱 scale 物件的說明文件。

D3 的軸元件將會建立以及組態軸的所有元素，並把它們插入到 DOM 樹中（還記得一個元件是一個函式物件，它將會建立元素以及把它們加到 DOM 樹中，請參閱第 5 章）。和使用元件一樣常用的，圍繞的程式碼必須提供一個**共通的容器**，一般都是 <g> 元素，以作為軸元素的父節點。軸一開始通常需要在**原點處作圖**，然後再透過 SVG 在共通父節點上的轉換以移動到最終的位置。共享的 <g> 元素通常也是一個便利的位置，讓任何格式化的指令可以套用到所有的軸元素中（事實上，D3 已在其上注入了相關的字體和字型）。只要記得，軸元件本身並不會建立共享的容器。

建立軸並把它移動到位置上

建立一個軸的基本工作流程如下所示（參考表 7-4）：

1. 實體化一個 scale 物件。
2. 實體化一個 axis 元件（這是一個函式物件）。
3. 提供一個適合的 <g> 元素作為引數以呼叫 axis 元件。
4. 使用 SVG 轉換去移動 <g> 元素到它的目標位置（此步驟可以發生在呼叫 axis 元件之前或之後）。

這些步驟示範於以下的程式碼片段：

```
var sc = d3.scaleLinear();
var axMkr = d3.axisBottom(sc);

var g = d3.select( ... ).append( "g" ).attr( "transform", ... );
axMkr( g );
```

如果你打算把它寫得更像是 JavaScript 慣用的語法組合風格，可以使用方法鏈把最後 2 列程式碼串連成一列：

```
d3.select( ... ).append("g").attr("transform", ...).call(axMkr);
```

表 7-4 建立以及軸元件基本組態配置的函式（axMkr 是軸元件的執行實例）

函式	說明
`d3.axisTop( scale )`	透過提供的 scale 物件傳回一個軸執行實例。預設的刻度大小是 6，預設的空白填充是 3。產生的軸用於圖形的*頂部*，刻度記號以及標籤將會在軸的上方。
`d3.axisRight( scale )`	和 `d3.axisTop()` 一樣，但是產生的軸是用在圖形的*右側*。刻度記號以及標籤會被放在軸的右側。

函式	說明
d3.axisBottom(scale)	和 d3.axisTop() 一樣，但是產生的軸是用在圖形的下方，刻度和標籤放在軸的下方。
d3.axisLeft(scale)	和 d3.axisTop() 一樣，但是產生的軸是用在圖形的左側，刻度和標籤放在軸的左側。
axMkr(selection)	建立軸的元素作為提供的 selection 之子項目，它必須是容器（<svg> 或 <g>）元素的一個 selection。如果這個 selection 包含多個節點，每一個節點都會建立一個軸。這個軸會在原點處繪製，然後使用轉換以移動它到正確的位置上。它沒有傳回值（undefined）。
axMkr.scale(scale)	設定 scale 物件，並傳回軸執行實例；如果沒有引數則傳回目前的 scale 物件。

自訂刻度記號和它們的標籤

軸元件提供一些函式可以控制刻度和刻度標籤的組態（參考表 7-5），但是如果你想要更精確地控制，就會需要自己動手進行相關的設置。如此做的優點，當然，是你可以建立任何想要的外觀，而麻煩的是你得自己動手編寫這些程式碼。範例 7-1 所展示的一些技巧可能會對你在這一方面有所幫助。這個範例使用**單一個** scale 物件但是建立**四個**具有不同外觀的軸，建立出來的圖形如圖 7-3 所示。

表 7-5 組態刻度和標籤的方法函式（axMkr 是一個軸元件實例）

函式	說明
axMkr.ticks(t, fmt)	把參數傳遞給底層的 scale 物件之 ticks() 和 tickFormat() 函式的便捷函式。參數 t 可以是整數，用來代表想要的刻度記號數目，或是一個時間間隔（參考表 10-5）。fmt 參數是一個格式字串，用於建立一個 formatter 物件。 （這個方法函式總是會傳回目前軸元件實例，並且因此可以被作為 getter 以取用目前的刻度組態配置值）
axMkr.tickValues([values])	如果一個值陣列被指定了，則那些值會優先於底層 scale 物件所計算的值。提供 null 可以用來清除之前所設定的值。
axMkr.tickFormat(format)	傳入一個 formatter 實例（不是一個格式指定規格）用於格式刻度標籤。提供 null 可以用來清除之前所設定的值。
axMkr.tickSize(size)	同時設定內部和外部刻度記號的數量，預設值是 6。
axMkr.tickSizeInner(size)	設定實際的內部刻度記號的數量，預設值是 6。
axMkr.tickSizeOuter(size)	同時設定直線兩端之記號尺寸用於指示實際的軸，預設值是 6。外部刻度記號可能會和第一個以及最後一個內部的刻度記號一致。
axMkr.tickPadding(size)	設定刻度記號和刻度標籤之間的填充空間，預設值是 3。

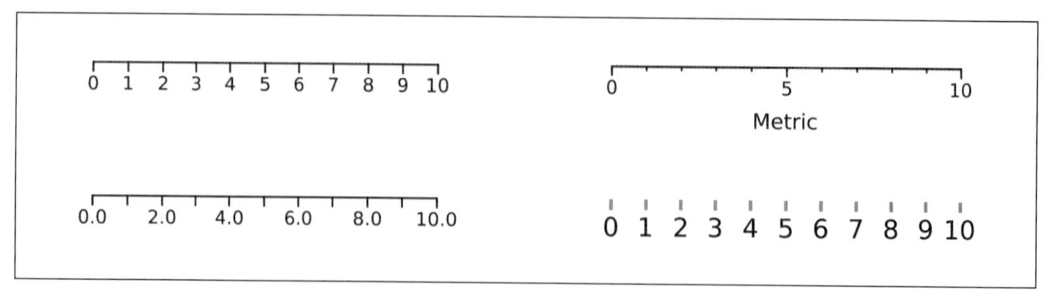

圖 7-3 變更刻度記號以及刻度標籤的外觀（參考範例 7-1）

範例 *7-1* 自訂刻度記號（參考圖 *7-3*）

```
function makeTicks() {
    var sc = d3.scaleLinear().domain( [0,10] ).range( [0,200] );     ❶

    // top left: default settings
    d3.select( "#ticks" ).append( "g" )                               ❷
        .attr( "transform", "translate( 50,50)" )
        .call( d3.axisBottom(sc) );

    // bottom left: additional decimal in labels
    d3.select( "#ticks" ).append( "g" )                               ❸
        .attr( "transform", "translate( 50,125)" )
        .call( d3.axisBottom(sc).tickFormat( d3.format(".1f") ) )
        .selectAll( "text" )
        .filter( (d,i)=>i%2!=0 ).attr( "visibility", "hidden" );

    // top right: minor and major tick marks, addtl label for axis
    d3.select( "#ticks" ).append( "g" )                               ❹
        .attr( "transform", "translate(350,50)" )
        .call( d3.axisBottom(sc).tickSize(3).tickFormat( ()=>"" ) );
    d3.select( "#ticks" ).append( "g" )
        .attr( "transform", "translate(350,50)" )
        .call( d3.axisBottom( sc ).ticks(2) )
        .append( "text" ).text( "Metric" )
        .attr( "x", sc(5) ).attr("y", 35 )
        .attr( "font-size", 12 ).attr( "fill", "black" );

    // bottom right: custom appearance
    var g = d3.select( "#ticks" ).append( "g" )                       ❺
        .attr( "transform", "translate(350,125)" )
        .call( d3.axisBottom(sc).tickPadding( 5 ) );
    g.select( ".domain" ).attr( "visibility", "hidden" );
    g.selectAll( ".tick" ).select( "line" )
        .attr( "stroke", "red" ).attr( "stroke-width", 2 );
    g.selectAll( "text" ).attr( "font-size", 14 );
}
```

❶ 建立一個 scale 物件，用來對應輸入由區間 [0, 10] 之間組成的 domain 到像素範圍 [0, 200]。

❷ 一個單純軸，使用預設值的軸元件所產生。

❸ 在每一個刻度標籤上顯示一個額外的十進位數字。`tickFormat()` 函式需要一個 formatter 物件而不是一個格式規格設定，因此，`d3.format()` 工廠函式就在此時被呼叫用以產生一個 formatter 實例，它會在刻度標籤上包括一個額外的數字元（參閱第 6 章關於格式化數字的說明）。為了讓這些額外的數字元有可以放置的空間，每隔兩個刻度標籤需要被隱藏起來。`Selection` API 的 `filter()` 方法幫我們選擇正確的軸元素（請參考表 3-2）。

❹ 這個版本在短的、未標示標籤的*小*刻度記號上、以及有標記的*主要*刻度上進行區分。事實上，這個軸被畫了 2 次：1 次是短的沒有標籤的刻度，而接著的第 2 次則是長的、有標籤但是刻度記號*比較少的*。為了在第一次時抑制標籤的產生，我們使用一個函式作為 formatter 物件，它總是傳回空字串。再者，一個整體性的文字標籤被加入用來描述整個軸：請注意 scale 物件如何被使用在計算它的位置上（axis 元件已經設定了文字錨點屬性項讓它置於整個軸的中間點）。

❺ 最後的版本主要是用於展示一些額外的技巧。在許多地方，它使用軸元件所產生（像是 `domain` 以及 `tick`）的類別名稱去選擇所需要的部份。因為這個例子在刻度標籤上使用較大的字型尺寸，因此就需要去調整它們的填充空間。

範例

現在是時候可以把這些所有的概念都放在一起，然後編寫出一些例子用來展示 scale 和軸的用法了。

長途電話成本的下降：線性和對數 Scale

圖 7-4 展示的資料集（隨著時間的改變，美國典型的長途電話費用）用 2 種不同的方式繪製。外部的圖形使用的是線性刻度，而內部的圖形則是使用半對數的軸來揭露出 20 世紀中通信成本幾乎是呈現指數級下降的情況。

程式指令在範例 7-2 中。兩部份的圖形很明顯有許多共通的部份，共享的程式碼被放在函式中。這個函式是一個閉包（closure）：它可以從它的被封閉的範圍中存取資料變數，因此這些資料集就不需要作為引數來傳遞。這個函式也是一個元件，因為它拿取

Selection 實例作為第一個引數，然後插入一個新的 DOM 元素到其中。這個元件在原點處建立一個圖形；然後讓呼叫它的函式去把這個產生出來的圖形移動到最終的位置（請參考第 5 章關於自訂元件的說明）。

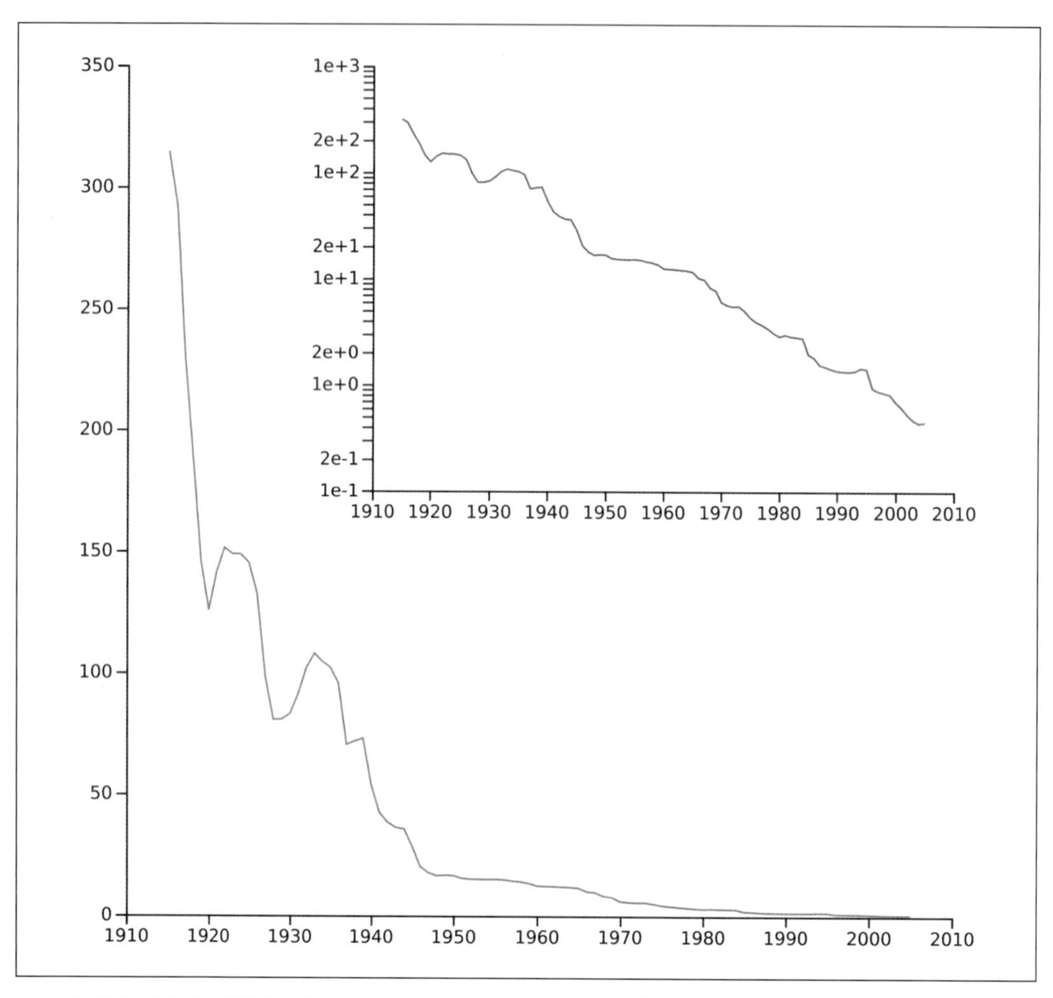

圖 7-4 使用線性和半對數座標軸，在圖形中使用內置圖形（參考範例 7-2）

範例 *7-2* 圖 *7-4* 所使用的程式指令

```
function makeSemilog() {
    d3.text( "cost.csv" ).then( res => {
        var data = d3.csvParseRows( res, d => [ +d[0], +d[1] ] ); ❶
```

範例 *7-2* 圖 *7-4* 所使用的程式指令（續）

```
        function draw( sel, scX, scY, width, height ) {          ❷
            scX = scX.domain( d3.extent( data, d=>d[0] ) ).nice() ❸
                .range( [ 0, width ] );
            scY = scY.domain( d3.extent( data, d=>d[1] ) ).nice()
                .range( [ height, 0 ]);

            var ds = data.map( d=>[ scX(d[0]), scY(d[1]) ] );     ❹
            sel.append( "path" ).classed( "curve", true )
                .attr( "d", d3.line()(ds) ).attr( "fill", "none" )

            sel.append( "g" )                                     ❺
                .call( d3.axisBottom( scX ).ticks(10, "d") )
                .attr( "transform", "translate( 0,"+height+")" );
            sel.append( "g" ).call( d3.axisLeft( scY ) );         ❻
        }

        d3.select( "#semilog" ).append( "g" )                     ❼
            .attr( "transform", "translate( 50, 50 )" )
            .call( draw,d3.scaleLinear(),d3.scaleLinear(),500,500 )
            .select( ".curve" ).attr( "stroke", "red" );

        d3.select( "#semilog" ).append( "g" )                     ❽
            .attr( "transform", "translate( 200, 50 )" )
            .call( draw,d3.scaleLinear(),d3.scaleLog(),350,250 )
            .select( ".curve" ).attr( "stroke", "blue" );
    } );
}
```

❶ 讀取資料檔案，並把它轉換成陣列的陣列。把所有項目的內容轉換為數值。

❷ `draw()` 函式的第一個引數是一個 `Selection` 物件。所有被函式所建立的新元素將會被附加到這個 selection 中。當這個函式被透過 `call()` 呼叫時，目前的 selection 將會自動地被作為第一個引數傳遞。

❸ 設置要被傳遞到函式中的 scale 物件之組態。請留意這個 `nice()` 函式必須在 domain 已經被設定之後才能夠呼叫。

❹ 重新縮放資料集，然後把它傳遞到一個線性產生器。因為資料集符合線性產生器所需要的格式，所以在這裡就不需要定義存取器：預設的存取器就可以做到了。path 元素被設定 CSS 類別 `curve`，讓之後的程式碼可以找到它。

❺ 附加一個 <g> 元素作為水平軸的容器，然後使用之前配置好組態的其中一個 scale 物件呼叫軸元件，把軸移動到它的位置上。

❻ 對垂直軸做一次重複的操作。因為整個圖形是在原點上建立的，所以就不需要從它的預設位置進行移動。

❼ 最後，附加一個新的 <g> 元素作為整個圖形的容器，把它移到位置裡，然後在這個 selection 上呼叫 `draw()` 函式。`call()` 函式將會自動地注入剛建好的 <g> 元素作為在呼叫 `draw()` 函式時的第一個引數。`call()` 函式也會傳回這個 <g> 元素，因此我們可以利用 CSS 選擇器的屬性來選取用來表示資料集的這個 path 元素以變更它的顏色。請留意，它並不需要傳遞顏色到 `draw()` 函式一外觀的選項可以在之後再進行修改。

❽ 重複之前的作業，但這次提供給垂直軸的是對數 scale 物件，用來建立半對數圖形。

伺服器負載：時間序列和離散顏色

圖 7-5 展示了伺服器的 CPU 利用率百分比，它是時間函數，全部時間區間為大約 2.5 小時。為了方便參考，閒置負載超過 35% 就以綠色顯示，而負載條件超過 75% 時則用紅色顯示。負載每分鐘記錄一次，資料檔案一開始的部份看起來像是以下這個樣子：

```
timestamp,load
08:01:00,29
08:02:00,29
08:03:00,30
08:04:00,22
08:05:00,20
...
```

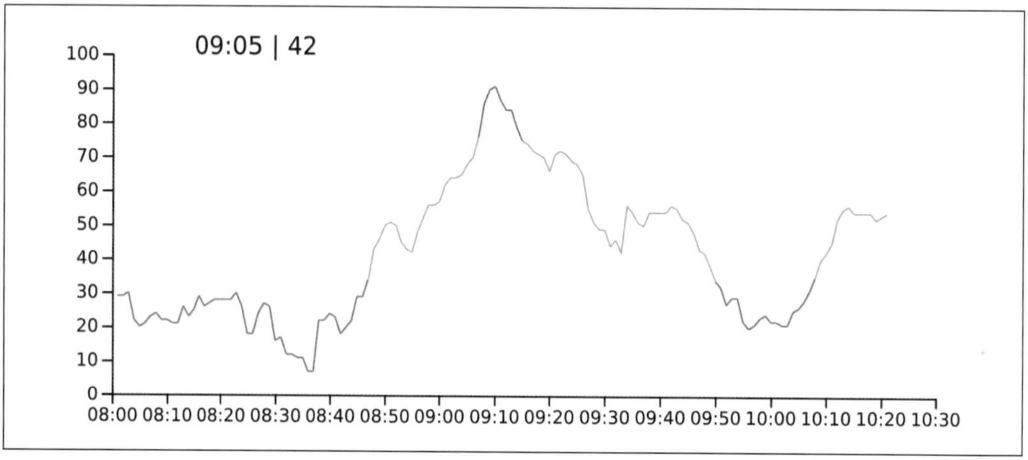

圖 7-5 時間序列圖。左上角：滑鼠位置，顯示該筆對應資料集的內容

此圖是利用在範例 7-3 中的指令碼建立的。這個範例展示了一些 D3 用來處理時間和日期資訊的功能，以及一些有用的技巧。

範例 7-3 圖 7-5 的指令碼

```
function makeTimeseries() {
    d3.text( "load.csv" ).then( res => {
        // prepare data
        var parse = d3.utcParse( "%H:%M:%S" );                    ❶
        var format = d3.utcFormat( "%H:%M" );

        var data = d3.csvParse( res, function( d ) {              ❷
            return { ts: parse(d.timestamp), val: +d.load }
        } );

        // create scale objects
        var scT = d3.scaleUtc()                                   ❸
            .domain( d3.extent( data, d=>d.ts ) ).nice()
            .range( [ 50, 550 ] );
        var scY = d3.scaleLinear()
            .domain( [0, 100] ).range( [ 250, 50 ] );
        var scC = d3.scaleThreshold()                             ❹
            .domain( [35, 75] ).range( ["green","orange","red"] );

        data = d3.pairs( data,                                    ❺
                         (a,b) => { return { src: a, dst: b } } );

        // draw data and axes
        var svg =
            d3.select( "#timeseries" ).attr( "cursor","crosshair" );

        svg.selectAll("line").data(data).enter().append("line")   ❻
            .attr( "x1", d => scT(d.src.ts) )
            .attr( "x2", d => scT(d.dst.ts) )
            .attr( "y1", d => scY(d.src.val) )
            .attr( "y2", d => scY(d.dst.val) )
            .attr( "stroke", d=>scC( (d.src.val + d.dst.val)/2 ) );

        svg.append( "g" ).attr( "transform", "translate(50,0)" )  ❼
            .call( d3.axisLeft(scY) );
        svg.append( "g" ).attr( "transform", "translate(0,250)" )
            .call( d3.axisBottom(scT).tickFormat( format )
                   .ticks( d3.utcMinute.every(10) ) );

        // display mouse position
        var txt = svg.append("text").attr("x",100).attr("y",50)   ❽
            .attr("font-family","sans-serif").attr("font-size",14);
        svg.on( "mousemove", function() {
            var pt = d3.mouse( svg.node() )
```

範例 *7-3* 圖 *7-5* 的指令碼（續）

```
                txt.text( format( scT.invert( pt[0] ) ) + " | " +      ❾
                          d3.format( ">2d" )( scY.invert(pt[1]) ) );  ❿
            } );
        } );
    }
```

❶ 建立用來剖析和格式化時間戳的函式。`parse()` 函式剖析字串，並傳回一個 JavaScript 的 `Date` 物件。

❷ 剖析輸入的資料，並套用轉換函式。後者讓資料檔案中的每一筆紀錄變成一個具有兩個屬性的物件：`ts` 是 JavaScript 的 `Date`，以及一個數值 `val`（參考第 6 章關於讀取和剖析檔案的更多資訊）。

❸ 建立必須的 scale 物件。對於水平軸來說，首先是資料集中用於區間邊界的最小和最大值，它使用 `d3.extent()`（參考第 10 章），然後這個區間使用 `nice()` 用於延伸到「裁切」值。

❹ 顏色透過固定的臨界值來指定。臨界值使用 `d3.scaleThreshold()` 的 `domain()` 函式進行設定。請留意，顯然地在這個圖裡只使用**兩個**臨界值來區分三種顏色。

❺ 原始的資料集是由一組**點**陣列組成，但是在此把它們繪製成**線條**。它被轉換成連續**點配對**的一個陣列，而每一對標記了線條的起始和結束點。`d3.pairs()` 函式使用一個陣列並利用提供的回呼函式結合任兩個連續的元素。在這個例子中，回呼函式建立一個具有 `src` 和 `dst` 屬性的新物件，然後設定兩個原始資料點到這些屬性中，每一個物件現在就代表一個線段（參考第 10 章可以找到 `d3.pairs()` 以及其他方便的函式在陣列上操作的相關細節）。

❻ 使用轉換過的資料集為這個圖形建立獨立的線條現在就很簡單了。每一條線的顏色是基於它的兩端點之平均資料值來決定。

❼ 建立兩個軸。水平軸代表時間，使用先前建立的格式函式去轉換 JavaScript `Date` 物件成為刻度標籤。它也使用 D3 的**時間內部**功能：`d3.utcMinute` 代表一個 1 分鐘的時間區間。`every()` 函式只保留原始區間的指定倍數，在此例為 10 分鐘。這個時間 scale 物件可以解釋這個資訊以及產生想要的頻率之刻度記號。你可以移除對於 `tickFormat()` 和 `ticks()` 的呼叫以觀察一個時間軸的預設行為（參考第 10 章去學習更多關於 D3 的時間區間）。

❽ 剩餘的指令用來顯示目前的滑鼠位置，而且是在原始資料中的座標，而不是像素座標（參考範例 4-1 關於使用像素座標顯示目前滑鼠位置的範例）。

❾ 在 `mousemove` 事件處理器中，要取得目前滑鼠位置的像素座標可以使用 `d3.mouse()` 函式來取得，但是它們接著要被利用 scale 物件中的 `invert()` 函式轉換成在資料集中的座標，以便用於水平和垂直軸。

❿ 水平（時間）座標使用先前定義的 `format()` 函式來設定其格式，但是為了對垂直位置設定格式，我們使用 `d3.format()` 建立了一個數值的 formatter 並立即執行它。格式指定運算子 `">2d"` 建立一個靠右對齊的文字標籤，並空出兩個數字元空間（參考第 6 章以學習關於格式化數字的資訊）。

第八章

顏色、顏色 Scale、以及熱點圖（Heatmap）

顏色在視覺化上可以有許多不同的目的：它們可以是簡單地讓圖形更有趣或是看起來更舒服，或是它們也可以幫助加強或強調資料的不同面向，或是它們也可以作為承載資訊的主要載體。在本章，我們將會討論在 D3 中顏色是如何表示的，然後討論各種配色設計，以及它們可以如何被使用來顯示資訊。本章末尾對於 false-color 圖形的說明，這是一種非常依賴色彩呈現資料的圖形。

色彩和色彩空間轉換

在 D3 中指定一個獨立的顏色很簡單：提供一個字串，可以是預先定義的顏色名稱，或是符合 CSS3 語法的顏色紅、綠、藍（RGB）或是色相、飽和度、亮度（HSL）元件（參考附錄 B）。但是如果你想要以程式的方式來操作顏色，字串格式就不是那麼地方便。基於這樣的目的，你可以使用在表 8-1 的工廠函式之一來取得 `color` 物件。`color` 物件可以在想要指定顏色時使用到：它的 `toString()` 函式會被自動地呼叫，而且以 CSS3 格式傳回一個顏色的表示式。

傳回的 color 物件只提供最少的 API；它們大部份都作為頻道資訊容器。每一個 color 物件具有三個元件作為適當名稱的屬性項，每一個頻道一個。此外，每一個物件也有一個 opacity 屬性項可以用在 alpha 頻道。

在表 8-1 的函式接受以下三者之一作為引數，並傳回一個要求的色彩空間之 color 物件：

- CSS3 顏色字串。
- 另一個 color 物件（為了轉換到另外一個色彩空間）。
- 三個（或四個，如果有指定透明度值的話）元件的集合。

一般化的 d3.color() 工廠是例外，它拿取一個 CSS3 字串或另外一個 color 物件，然後依據輸入傳回一個 RGB 或 HSL color 物件。

表 8-1 用來在不同的色彩空間建立 color 物件的工廠函式，傳回物件的色彩元件、以及它們的有效範圍

函式	元件[a]	說明
d3.rgb()	r, g, b	• 0 ≤ r, g, b ≤ 255，需嚴格遵守。
d3.hsl()	h, s, l	• h: 任意值（正值或負值），色相值會被取 360 的餘數。 • 0 ≤ s, l ≤ 1，需嚴格遵守。
d3.lab()	l, a, b	• 0 ≤ s, l ≤ 1，需嚴格遵守。 • -100 ≤ a, b ≤ 100 近似值。
d3.hcl()	h, c, l	• h: 任意值（正值或負值），色相值會被取 360 的餘數。 • -125 ≤ c ≤ 125 近似值。 • 0 ≤ l ≤ 100 近似值。
d3.color()	r, g, b 或 h, s,	輸入必須是 CSS3 字串或是另一個物件；輸出是 RGB，除非輸入是 HSL。

[a] 所有的物件也都有一個 opacity 元件，它的值從 0（透明）到 1（不透明）。

允許的參數範圍一般來說對每一個色彩空間都是不同的。表 8-1 中的函式在它們的輸入值明顯無效（例如在 RGB 元件中使用負值）的時候會傳回 null，但是就算傳回值不是 null 也並不保證傳回的顏色是可以顯示的。你可以使用函式 displayable() 來檢查傳回來的色彩值。如果顏色是無法顯示的，那麼 toString() 方法將會以一個可顯示的顏色來取代（例如，在顏色太暗或太亮時顯示黑色或白色）。

色彩空間

一般而言，指定一個顏色需要三個座標（如果不計入透明度的話）。在 RGB 模型中，色彩空間就像是一個立方體，在正確的角度上有三個元件軸往外延伸。RGB 空間是在硬體技術上最容易實現的，但是大家都知道它並不直觀（也就是，你可以很快地理解 `#b8860b` 看起來的樣子嗎？）

在 HSL 模型中，RGB 的立方體被變形為對頂錐體，錐體的軸沿著原始色彩立方體之空間對角線運動（從黑到白）。三個元件現在被解釋成圓柱座標：色相量測環繞圓柱體軸的角度，亮度是沿著軸的位置（從最底下的黑色到最頂層的白色），以及飽和度則是從軸出發的放射距離（使用灰階組成軸，全飽和顏色是在圓錐體的表面），完全飽和的，最亮的顏色在上半高度，沿著雙頂錐體的肚皮處。

和 RGB 相比，HSL 座標有比較直覺的解譯方式，但是 RGB 和 HSL 都面對相同的缺點：它們的顏色元件表示裝置著色的強度並未考慮到人類對於**色彩感知**的不均勻性。這導致了各種的不一致現象。只考慮 CSS3 所命名的顏色，你可能會想要比較三種顏色：DarkKhaki (`#bdb76b`)、Gold (`#ffd700`)、以及 Yellow (`#ffff00`)。在這三者中，DarkKhaki 比其他兩個顏色還亮（在 HSL 模型中），然而它在顯示上卻比其他兩個顏色都還要暗。Yellow 和 Gold 有相同的亮度但是在顯示時卻相當得不一樣。其他在感知上和亮度值上不一致的地方也相當容易找到。

有一些顏色空間設計基於實際**感知**用於協助避免這些問題。這一類型的模型的其中兩種為 CIELAB（或簡稱 LAB）以及色相（hue）、彩度（chroma）、明度（luminance）（HCL）色彩空間。在 LAB 空間中，座標再次跨越平行的，以 *l* 來量測亮度，以及 *a* 和 *b* 座標用於表示沿著兩個軸的位置，其一是從紅到綠，另外一個則是從藍到黃（你將會注意到這兩個軸近似在標準色彩輪上正交）。HCL 空間將相同的資料轉換為圓柱座標，類似於 HSL 空間，使用彩度表示顏色的呈現，明度則是其光澤的量度。HCL 空間提供和 HSL 空間類似的同樣便利的直覺，但顏色比較比使用 HSL 元件效果更好。

使用顏色元件的一個實際的問題是去描述人類的感知，不同於技術上的能力，很容易會建構出一個標準硬體無法呈現的顏色。相較於 RGB 和 HSL，這些元件的範例並不會被限制到固定的值集合，因此在取得這些顏色時要留意是否可以顯示得出來。

配色設計

D3 附帶了相當多的配色設計可以使用在 scale 物件上。過多的內建配色一下子很難弄清楚，因此在這裡有一個簡單地檢視，說明有哪些是可以使用的[1]。

Cartographic Schemes（製圖用的配色）

底下的這些配色是源自於在繪製地圖上（你可以找到的地圖集那種）使用的，它們用於描繪出政治上的或是其他主題式的資訊。這些特別適合於在區域上著色，但是對於線條和形狀的細節上比較沒那麼好。因為，它們的設計讓使用眼睛看的變得容易，在用來提高人們對於已利用其他方式表達資訊的感知也是一個好的選擇

Categorical schemes（分類式配色設計）

9 個不具語意的分類式配色設計，每一個均有 8 到 12 個項目。相鄰的顏色傾向有較強的對比，除了 `d3.schemePaired` 配色之外，它們是由 6 個配對所組成，每一個配對均有一個淺階的和深階的可對比色相（請參考圖 5-7 和圖 9-3 的例子）。

Diverging schemes（發散式配色設計）

9 個 diverging 配置，每一個均在末端有著不同色相的不同深和飽和顏色，然後逐步在中間呈現從淺和蒼白的灰色、白色、或是黃色。使用這些以呈現從一個基準線到任一角度的偏差（請參考圖 8-1）。

Single-hue monotonic schemes（單一色相的單調配色設計）

6 個單調的配置，每一個都使用一個色相，從淺及蒼白的或灰色到深且飽和的顏色（參考圖 9-2 的應用）。

Two- or three-hue monotonic schemes（二或三色相的單調配色設計）

12 個連續的配色，每一個從淺白或淺灰色，越過一個或兩個中間相似的顏色（例如藍色和綠色，或是黃、綠、以及藍）到一個深的飽和色。

這些配色設計有兩個變形：

- 用於 `d3.scaleSequential()` 連續版本（像是插補器）。

---

1 參閱 *https://github.com/d3/d3-scale-chromatic* 關於視覺呈現的部份。

- 用於 `d3.scaleOrdinal()` 或是任一個分箱 scale（像是 `d3.scaleThreshold()`）的離散版本[2]。

大部份的離散配色設計都會伴隨著幾個版本，每一個版本包含不同數目的平均空間、離散元素（介於 3 和大約 10 之間，請參考 D3 的說明文件：*https://github.com/d3/d3/blob/master/API.md*。這份文件有關於每一個配色設計的實際數目）。

False-Color Schemes

以下的配置主要是用於 false-color 圖形或是熱點圖。這些配置只有連續插補型式可以使用（也就是沒有離散的版本）。

Multihue schemes

5 個多色相的配置，每一個都是從一個非常暗（幾乎是黑色）的顏色到黃或白。這些配置主要是同時改變飽和度與亮度（它們可能是在原理上比較好的點子而不是在實務上）。

Rainbow schemes（彩虹配色設計）

兩個彩虹配色設計在感知上比標準的 HSL 空間色輪更均勻。其中的一個，它的兩半是分開可用的，其中一邊是在色輪的暖（紅）色調上，而另外一邊則是其他的冷（藍、綠）色調上。

「sinebow」配色設計 `d3.interpolateSinebow` 非常有趣。在標準的彩虹中，RGB 元件是以正規的方式進行變化，它以分段線性的方式讓色相的範圍從 0 到 360 進行變化。在 sinebow 中，線段線性行為則被以 sine 函式取代，它相對於每一個部份移相 120 度。這樣的結果比標準的彩虹更為明亮（參考圖 8-1）。基於它的外觀以及概念的簡單性，高度推薦此配色設計[3]。

---

2 有一個分散的顏色配置，相較於只是在離散值上使用相對應的插補器計算，讓我們可以把非數值的類別值對應到顏色上。

3 參閱 *http://basecase.org/env/on-rainbows*。

調色盤設計

資料視覺化的配色設計或調色盤設計是一個困難的主題。在此提供一些考量因素和建議[4]：

- 分辨哪一種顏色被使用來強調一些資訊的感知，是在圖中可用的一種形式，或者顏色本身就是可以用來作為基本資訊的主要載體。例如，地形圖的階度只是加強通過輪廓線的海拔資訊，而一個像是圖 8-2 的 false-color 圖形，所有相關的資訊都是被嚴格地編碼成顏色。

- 決定哪一筆資料具有隱含的順序性，如果有的話，要確定此顏色配置是否支援此種特性。例如，我們習慣以及直覺地把藍色當作是低的，而紅色則是作為比較高的值；一個具有良好設計的圖形需要考慮到此點（內建的配色設計在這個部份並不一致），有時候在色彩中依感知來排序可能是不好的（例如，對於某些類型的分類資料）。

- 請留意賦予在某些顏色上原有的一些慣例（像是交通號誌用的顏色紅、黃、綠）

- 避免非常暗和非常淺的顏色，因為它們易於隱藏細節（「白色在白色」或「黑色在黑色上」）。避免尖銳的顏色：要在華麗和平凡無奇上取得平衡（感知上均勻的色彩空間，像是 HCL 可以在此點上幫助到你）。

- 將強梯度放置在你想要的位置上。在許多例子中，輸入域中部份相對小的改變可能要比其他地方的改變來得更有趣。透過確保這個在配色設計上強烈的視覺變化會被放在資料中最相關的地方，你就可以強化重要細節的感知。

- 同樣的精神，你可能想要使用不連續的變化去指出一個在資料中語意上的臨界值（例如，地形圖通常是使用連續性的梯度，但是會利用銳利的轉換來標示出海岸線）。

- 當顏色被使用來傳達資訊（對比於單純以美觀為目的），圖形應該包含一個「顏色盒」去明確地解釋顏色和值之間的對應關係。不論一個配色設計的呈現是如何地直覺，單靠圖形是無法可靠地重建這些資訊的。

- 最後，請記住，大約有 8% 的男性以及 0.5% 的女性被部份色盲所困擾，其中以紅綠色盲最為常見。

---

4 關於這個主題我還有一些想要討論的，放在我的另一本書《*Gnuplot in Action*》的附錄。

其他配色設計

大量且多樣的內建配色設計似乎可以呈現出所有的可能性，但是依據前後文內容以及使用的目的，其他的配色設計可能更為適合（請參考「調色盤設計」補充說明）。依照你的想法去找出一個已經存在的配色設計集合應該是有趣的[5]。如果內建的配色設計起來似乎不適合，或是不容易調整使其適用於一個特定的應用，就沒有理由去使用它。

色彩 Scale

為了利用色彩來表現資訊，比較便利的方式是把色彩組合到一個 scale 物件上（參閱第 7 章）：尤其是，使用色彩去定義 scale 物件的輸出範圍。本節收集了一些簡單的應用和技巧。

離散的顏色

離散的色彩 scale 可以被使用 binning scale 或是 discrete scale 物件實作。binning scale，例如以 `d3.scaleQuantize()` 或 `d3.scaleThreshold()` 所建立的物件，在當一個連續的數字範圍要被表示成離散的顏色集合時是可以使用的。首先分割輸入域成為同樣大小的箱子，接著等待使用者明確地定義資料的臨界值以分割出各個箱子（參考範例 4-7 和範例 7-3）。請記得，`domain()` 函式在語意上多載了 binning scale（細節可參考第 7 章）：

```
var sc1 = d3.scaleQuantize().domain( [0, 1] )
    .range( [ "black", "red", "yellow", "white"] );
var sc2 = d3.scaleThreshold().domain( [ -1, 1] )
    .range( [ "blue", "white", "red" ] );
```

被以 `d3.scaleOrdinal()` 所建立的離散 scale，在當輸入值是離散的情況而要以不同的顏色顯示時是很適合的。離散 scale 物件會在輸入域指定的值、和要表現的顏色之間建立一個明顯的關聯：

```
var sc = d3.scaleOrdinal( [ "green", "yellow", "red"] )
    .domain( [ "good", "medium", "bad" ] );
```

5 一個非常大而不同的調色盤倉庫，並非全部是為了科學上的視覺化，可以在 *http://bit.ly/2Wamh09* 上找到。這是 Kenneth Moreland 在 Generic Mapping Tool 專案中特別為了展現它的工作之目的而製作的，尤其是 GMT Haxby 調色盤。

另一種選擇是，當沒有指定 domain 的時候，一個離散的 scale 物件指定下一個未使用到的顏色到每一個新產生的符號。可以在範例 5-6 和範例 9-5 中找到例子。

在它們的實作是透過 scale 物件時，離散配色設計中的顏色應該要依照它的目的來選用。有時候，目標只是讓不同的圖形元素可以很容易地被加以識別，而不需要隱含語意或是順序：內建的類別型配色設計就屬於此種（參考圖 5-7 和圖 9-3 的例子）。在另外一些情況中，顏色應該要傳達一些語意上的意義，儘管不是單調地遞增或是一個嚴格的排序：例如在圖 7-5 中的紅、綠、藍「交通號誌」配置就是其中一個例子。最後，有時不同的配色設計是用於表達一個單調的步驟序列（如同在圖 9-2 右邊的部份）。在後面的例子中，分箱 scale 可能被和內建的單調或發散 scale 一起使用，以對應一個連續範圍的值到一個指定的固定色彩的集合，使其能有一個清晰的排序過的樣子。

色彩梯度

D3 插補顏色的能力讓它能夠特別容易地產生色彩梯度。本節的這個例子主要是用於展示一些簡單但是典型例子的語法（參考範例 8-1 和圖 8-1）。

範例 8-1　建立顏色 scales（參考圖 8-1）

```
sc1 = d3.scaleLinear().domain( [0, 3, 10] )                          ❶
    .range( ["blue", "white", "red"] );

sc2 = d3.scaleLinear().domain( [0, 5, 5, 10] )                       ❷
    .range( ["white", "blue", "red", "white"] );

sc3 = d3.scaleSequential( t => "" + d3.hsl( 360*t, 1, 0.5 ) )        ❸
        .domain( [0, 10] );

sc4 = d3.scaleSequential( t => d3.interpolateSinebow(2/3-3*t/4) )    ❹
        .domain( [0, 10] );

sc5 = d3.scaleDiverging( t => d3.interpolateRdYlGn(1-t) )            ❺
        .domain( [0, 2, 10] );

sc6 = d3.scaleSequential( d3.interpolateRgbBasis(                    ❻
    ["#b2d899","#ffffbf","#bf9966","#ffffff"] ) ).domain( [0,10] );
```

❶ 使用預設的色彩空間插補之一個簡單的藍 / 白 / 紅梯度——但是請留意白色在輸出區塊中的不對稱性。

❷ 一個在中間部份有銳利轉換的梯度。

❸ 並不受歡迎的「標準 HSL 彩虹」──大部份都只是用來展現語法之用（並不是因為它是一個特別好用的顏色 scale）。

❹ 一個比較好的彩虹，使用內建的「sinebow」插補器。這是向後遍歷的配色設計（所以，它從藍到紅，用來表達自訂的低到高的語意），它的範圍被限制住以防止它從回繞和重用顏色。

❺ 發散 scale 的一個例子。它利用內建的紅 / 黃 / 綠插補器，但是變更它的方向使得大的值是以紅色來表示。發散 scale 之 domain 必須指定**三個**數值；中間值是對應到插補值位置 $t = 0.5$。在此，黃色，表示傳回顏色範圍的中間，被替換到輸入域中的值 2。

❻ 傳統使用在地形圖上的配色設計慣例的例子。和其他的配色比較，高度並不是單調的遞增，而是展現額外的系統性變化（綠色和棕色是相對地暗，黃色和白色則相對地淺色），它提供一個視覺上的輔助。這個配色使用 `d3.interpolateRgbBasis` 插補器，它建構一個樣條給所有提供的顏色（它們假設是相同地間隔）。spline 插補器的優點是並不是那麼平滑的顏色配置，但是使用者並不需要使用 `domain()` 指定中間值顏色的位置。

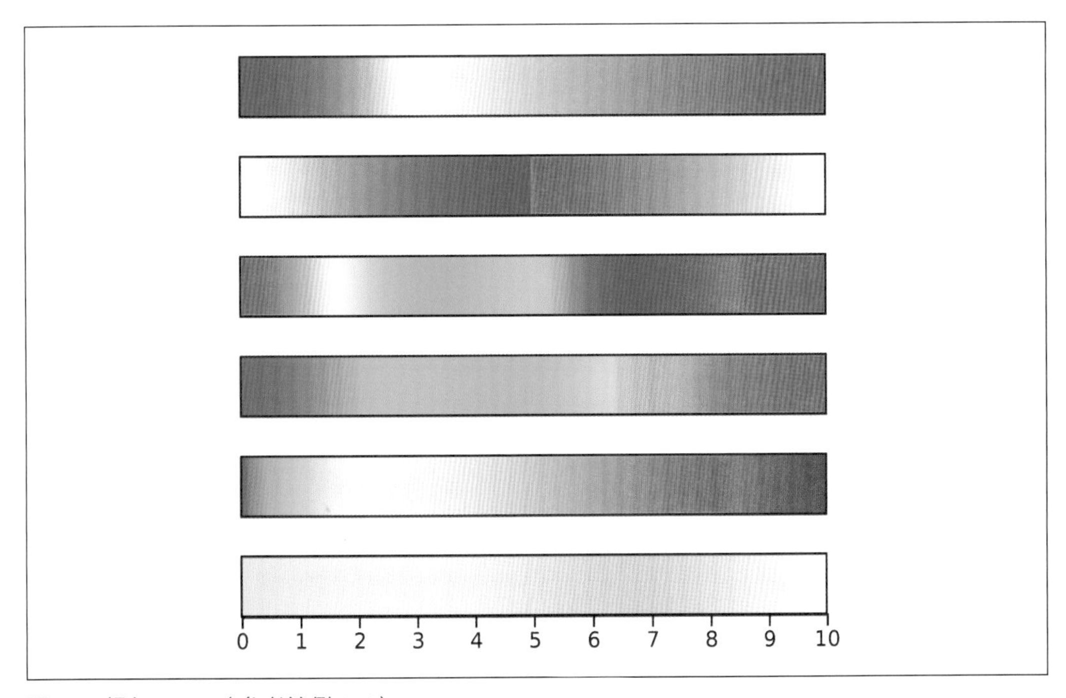

圖 8-1 顏色 scale（參考範例 8-1）

建立一個顏色盒

任何依賴顏色傳達意義的圖形（和只是把顏色用於加強外觀和感知的圖形相比而言），需要一個關鍵去清楚地顯示哪些值要對應到哪些顏色。有時候一段文字描述就夠了，但是使用視覺的顏色盒通常會更加地清楚。D3 並沒有內建的元件可以用來做這件事，但是要建立一個是非常容易的。在範例 8-2 所呈現的例子就是被用於產生一個在圖 8-1 中的實例；它可以作為一般應用的模式。

範例 8-2 用於建立一個顏色盒元件的指令（請和圖 8-1 比較）

```
function colorbox( sel, size, colors, ticks ) {                   ❶
    var [x0, x1] = d3.extent( colors.domain() );                  ❷
    var bars = d3.range( x0, x1, (x1-x0)/size[0] );

    var sc = d3.scaleLinear()                                     ❸
        .domain( [x0, x1] ).range( [0, size[0] ] );
    sel.selectAll( "line" ).data( bars ).enter().append( "line" ) ❹
        .attr( "x1", sc ).attr( "x2", sc )
        .attr( "y1", 0 ).attr( "y2", size[1] )
        .attr( "stroke", colors );

    sel.append( "rect" )                                          ❺
        .attr( "width", size[0] ).attr( "height", size[1] )
        .attr( "fill", "none" ).attr( "stroke", "black" )

    if( ticks ) {                                                 ❻
        sel.append( "g" ).call( d3.axisBottom( ticks ) )
            .attr( "transform", "translate( 0," + size[1] + ")" );
    }
}
```

❶ 除了目標的 selection 之外，此元件還取用了一些引數：以 2 元素的陣列所表示的顏色盒大小（像素），實際的顏色 scale，以及可選用的一個正規的 scale 用於建立刻度標記。

❷ 在這裡建立一個陣列，它包含每一個色條的像素寬度、以及來自於輸入域的相對應值。

❸ 這個 scale 對應原始 domain 的值到色彩盒中的像素座標。

❹ 為在條中的每一個項目建立一個 1 像素寬的上色線條。

❺ 在盒子周圍加上顏色…

❻ …然後如果有正確的 scale 被傳遞進來，就加上一組刻度標記。

False-Color 圖形和相關的技巧

當資料可以被映射到一個二維的平面時，則 false-color 圖或是所謂的熱點圖就是一種吸引人的選擇，它可以和輪廓圖合併在一起（或是另外一個選擇）使用。

熱點圖

一個高度依賴於顏色編碼的視覺化型式是 *false-color* 圖或是熱點圖。對於在二維網格上的資料點而言，觀察值是以顏色來表示：這是常見於地形圖上的海拔高度。

在 false-color 圖中個別圖形元素（資料點或是像素）的數量可能會快速地成長，即使是網格也會有相當的大小。為了效能上的理由，在 D3 中建立這種圖形會建議（或必須）使用 HTML5 的 `<canvas>` 元素（請參考「HTML5 `<canvas>` 元素」補充說明）。範例 8-3 展示了一個使用 `<canvas>` 元素的簡單例子；圖 8-2 是執行結果的圖形。

範例 8-3　一個 Mandelbrot 集合部份的 false-color 圖形。這個圖形是利用一個 HTML5 canvas 元件所建立的（參考圖 8-2）

```
function makeMandelbrot() {
    var cnv = d3.select( "#canvas" );                          ❶
    var ctx = cnv.node().getContext( "2d" );

    var pxX = 465, pxY = 250, maxIter = 2000;                  ❷
    var x0 = -1.31, x1 = -0.845, y0 = 0.2, y1 = 0.45;

    var scX = d3.scaleLinear().domain([0, pxX]).range([x0, x1]); ❸
    var scY = d3.scaleLinear().domain([0, pxY]).range([y1, y0]);

    var scC = d3.scaleLinear().domain([0,10,23,35,55,1999,2000]) ❹
        .range( ["white","red","orange","yellow","lightyellow",
                 "white","darkgrey"] );

    function mandelbrot( x, y ) {                              ❺
        var u=0.0, v=0.0, k=0;
        for( k=0; k<maxIter && (u*u + v*v)<4; k++ ) {
            var t = u*u - v*v + x;
            v = 2*u*v + y;
            u = t;
        }
```

範例 *8-3* 一個 *Mandelbrot* 集合部份的 *false-color* 圖形。這個圖形是利用一個 *HTML5 canvas* 元件所建立的（參考圖 *8-2*）（續）

```
        return k;
    }

    for( var j=0; j<pxY; j++ ) {                                    ❻
        for( var i=0; i<pxX; i++ ) {
            var d = mandelbrot( scX(i), scY(j) );
            ctx.fillStyle = scC( d );
            ctx.fillRect( i, j, 1, 1 );
        }
    }
}
```

❶ 從頁面中選擇 `<canvas>` 元素，並使用它去取得一個繪圖的內文，用於簡單的二維圖形。請留意 `getContext()` 並不是 D3 的一部份，但它是 DOM API 的一部份，因此，首先你必須從 D3 `Selection` 中使用 `node()` 方法取得底層的 DOM `Node`。

❷ 調整一些可以設置的參數：canvas 的像素大小，Mandelbrot 迭代最大的步驟數，以及在複數平面上感興趣的區域。

❸ 建立兩個 scale 用來對應像素座標到複數平面的位置上。

❹ 建立一個 scale 去對應迭代步驟次數到一個顏色。圖形的外觀強烈地依賴於中間值放置的地方。

❺ 這個函式執行實際的 Mandelbrot 迭代的計算：對於一個在複數平面上給定的點 $x + iy$，執行迭代直到和原點的平方根距離超過 2^2，或是直到超過了最大的迭代次數為止；傳回取得的步驟數（參考維基百科關於 Mandelbrot 集合的說明：*http://bit.ly/2IB0o6M*）。

❻ 這個雙迴圈執行了 canvas 上的所有像素。像素座標被轉換到複數平面上，它們傳遞到 `mandelbrot()` 函式。它的傳回值被轉換成顏色，然後被使用於填充在 canvas 上所有的 1×1 矩形（也就是 1 個像素）。

圖 8-2 使用 HTML5 <canvas> 元素（參考範例 8-3）

HML5 <canvas> 元素

HTML5 `<canvas>` 元素是用來建立位元圖（*bitmap image*）的裝置。就像 SVG，它可以從瀏覽器中編寫描述語言，但是不同於 SVG，它只提供低階的功能。尤其是，它並不維護個別可以單獨操作的圖形元素，這是 DOM 樹本身可以做得到的。一個 canvas 圖形就是一個「平的」位元圖（點陣圖）。

要瞭解 `<canvas>` 元素很重要的是，它主要是用來作為一個預留位置。要畫任何東西，你首先要使用 `getContext()` API 呼叫取得一個繪圖的 *context*。有許多不同型式的上下文可以使用；每一個都呈現了不同的 API 以支援不同型態的程式設計（像是加速的 3D 繪圖）。

我們將只關心簡單的 `CanvasRenderingContext2D` 著色 context。它只提供少數的圖形基礎元件，包含它們填滿或未填滿的矩形或文字，以及可以使用和 SVG `<path>` 元素相似的海龜式繪圖方式的路徑功能。在繪製任何東西之前，必須先設定線條或是填充顏色。

從 D3 在 HTML5 canvas 上繪製圖形最基本的工作流程如下：

```
var cnv = d3.select( "#canvas" );
var ctx = cnv.node().getContext( '2d' );

ctx.fillStyle = color;
ctx.fillRect( x, y, w, h );
```

顏色值必須是以 CSS3 的顏色設定格式，x 和 y 是矩形的左上角座標，w 和 h 則是它的寬度和高度。

整體而言，<canvas> 元素在使用起來很直覺，你可以在 MDN 中找到相關的教學：MDN Canvas Tutorial（*http://mzl.la/1zG4ME5*）。

輪廓線

false-color 圖形的另外一種選擇（或是額外加上去的），大部份適用於平滑變化的資料，使用**輪廓線**：用於表示相同高度（像是使用在地形圖上的）的曲線。D3 提供一個 *layout* 去計算此種線條的位置（參考表 8-2）。

表 8-2 用於計算輪廓線條的函式（conMkr 是一個輪廓線 layout 實例）

函式	說明
`d3.contours()`	傳回一個具有預設值設定的新輪廓線 layout 實例
`conMkr( [data] )`	為提供的資料集計算輪廓線。此資料必須格式化成一維陣列，如此在格狀位置 `[i, j]` 上的元素在這個陣列中就會被放在索引 `[i, j*cols]` 的位置上。傳回一個 GeoJSON 物件的陣列，以它們表示的臨界值來加以排序。
`conMkr.size( [cols, rows] )`	設定欄和列的數目，是以 2 元素的陣列格式傳入。
`conMkr.thresholds( args )`	引數必須是一個要被用於計算輪廓線的陣列值。如果此引數是一個單一整數 `n`，那麼近似的 `n` 輪廓線將會被使用適當的分離進行計算。
`conMkr.contour( [data], threshold )`	為提供的資料集在指定的臨界值上產生一個單獨的輪廓線。傳回一個 GeoJSON 物件。

資料被要求的表示方式是奇特的。資料點被期待放在一個正規的、矩形的 `cols`×`rows` 格子上，以一個**單一的、一維的數字陣列**儲存，其格式為一個連續的序列。在陣列索引 `i + j*cols` 的項目中，代表的是在位置 `[i, j]` 的點。沒有規定要結合實際的（「domain」）座標和每一個資料點。結果是，產生的結果將會是尺寸為 `cols`×`rows` 像素的圖形；如果你想要的是不同的尺寸，必須要套用一個縮放的轉換作業。

當輪廓線 layout 機制在資料上被呼叫，它會傳回一個 GeoJSON 物件的陣列，每一個輪廓線一個[6]。你可以使用 `d3.geoPath()` 產生器去產生一個命令字串，用於正規 `<path>` 元素的屬性項上（此程序相當於我們在第 5 章所討論的部份）。每一個輪廓線物件也有一個屬性值，它包含了目前這條輪廓線所表現的臨界值。

如果輪廓線被顏色填滿，則結果圖形將會又是一個 false-color 圖形或是熱點圖。在範例 8-4 中，兩種表現法被合併使用：首先，大量的填充輪廓線被畫上去以建立出一個平滑的著色背景，然後，少數的輪廓線被畫在背景上，用來指出臨界值（參考圖 8-3）。

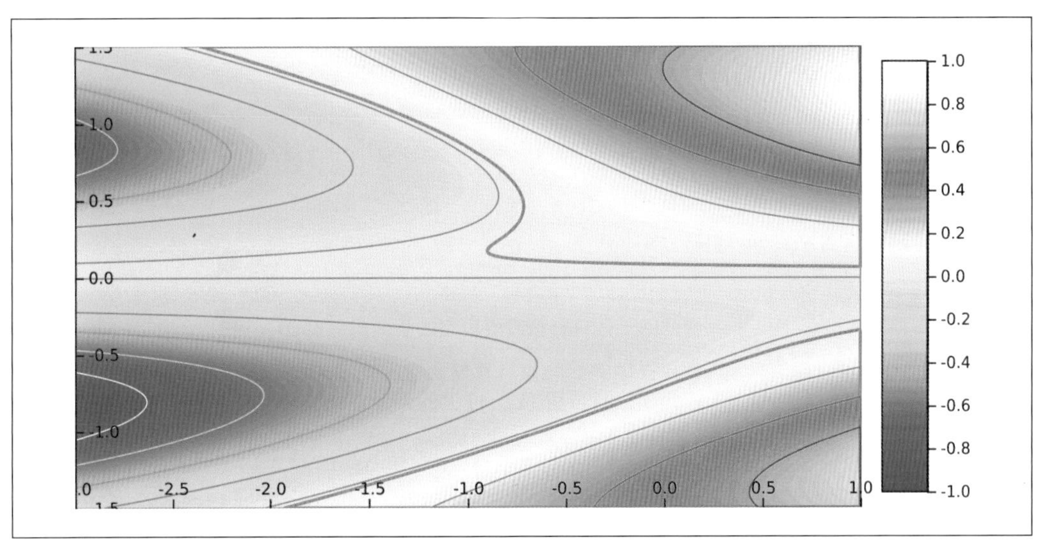

圖 8-3 一個具有平滑函式的 false-color 圖。這個圖形是使用 D3 輪廓線 layout 機制所繪製的（參考範例 8-4）

範例 *8-4* 使用輪廓線 *layout* 機制所繪製的 *false-color* 圖形（參考圖 *8-3*）

```
function makeContours() {
    d3.json( "haxby.json" ).then( drawContours );        ❶
}

function drawContours( scheme ) {
    // Set up scales, including color
    var pxX = 525, pxY = 300;                            ❷
    var scX = d3.scaleLinear().domain([-3, 1]).range([0, pxX]);
    var scY = d3.scaleLinear().domain([-1.5, 1.5]).range([pxY, 0]);
```

6 GeoJSON 是用於表示地理資訊特徵的標準，它定義在 RFC 7946。

範例 8-4 使用輪廓線 *layout* 機制所繪製的 *false-color* 圖形（參考圖 8-3）（續）

```
    var scC = d3.scaleSequential(
        d3.interpolateRgbBasis(scheme["colors"]) ).domain([-1,1]) ❸
    var scZ = d3.scaleLinear().domain( [-1, -0.25, 0.25, 1] )
        .range( [ "white", "grey", "grey", "black" ] );

    // Generate data
    var data = [];                                              ❹
    var f = (x, y, b) => (y**4 + x*y**2 + b*y)*Math.exp(-(y**2))
    for( var j=0; j<pxY; j++ ) {
        for( var i=0; i<pxX; i++ ) {
            data.push( f( scX.invert(i), scY.invert(j), 0.3 ) );
        }
    }

    var svg = d3.select( "#contours" ), g = svg.append( "g" );  ❺
    var pathMkr = d3.geoPath();                                 ❻

    // Generate and draw filled contours (shading)
    var conMkr = d3.contours().size([pxX, pxY]).thresholds(100); ❼
    g.append("g").selectAll( "path" ).data( conMkr(data) ).enter()
        .append( "path" ).attr( "d", pathMkr )                  ❽
        .attr( "fill", d=>scC(d.value) ).attr( "stroke", "none" )

    // Generate and draw contour lines
    conMkr = d3.contours().size( [pxX,pxY] ).thresholds( 10 );  ❾
    g.append("g").selectAll( "path" ).data( conMkr(data) ).enter()
        .append( "path" ).attr( "d", pathMkr )
        .attr( "fill", "none" ).attr( "stroke", d=>scZ(d.value) );

    // Generate a single contour
    g.select( "g" ).append( "path" )                            ❿
        .attr( "d", pathMkr( conMkr.contour( data, 0.025 ) ) )
        .attr( "fill", "none" ).attr( "stroke", "red" )
        .attr( "stroke-width", 2 );

    // Generate axis
    svg.append( "g" ).call( d3.axisTop(scX).ticks(10) )         ⓫
        .attr( "transform", "translate(0," + pxY + ")" );
    svg.append( "g" ).call( d3.axisRight(scY).ticks(5) );

    // Generate colorbox
    svg.append( "g" ).call( colorbox, [280,30], scC )            ⓬
        .attr( "transform", "translate( 540,290 ) rotate(-90)" )
        .selectAll( "text" ).attr( "transform", "rotate(90)" );
    svg.append( "g" ).attr( "transform", "translate( 570,10 )" )
        .call( d3.axisRight( d3.scaleLinear()
                             .domain( [-1,1] ).range( [280,0] ) ) );
}
```

❶ 從檔案中載入配色設計的顏色，傳遞此結果到 `drawContours()` 函式，這個函式將會進行實際的作業[7]。

❷ 使用像素為單位設定最終圖形的尺寸。記住，每個像素都需要一個資料點。

❸ 從檔案中載入的顏色被和 `d3.interpolateRgbSpline` 插補器一併使用，以建立一個色彩 scale 物件（和範例 8-1 中最後一個項目比較）。一個分離的 scale 物件（`scZ`）將會決定輪廓線的顏色，以確保它們可以很清楚明顯地顯示在顏色漸變的背景上。

❹ 藉由為每一個像素座標上計算函式 `f(x,y)` 以建立資料。scale 物件的 `invert()` 函式被使用在從每一個像素點位置上取得它的 domain 座標。

❺ 取得一個 DOM 樹的 handle，然後為主要的圖形附加 `<g>` 元素作為全部的容器。

❻ 建立一個 `d3.geoPath` 產生器的實例。這是一個函式物件；當在一個 GeoJSON 物件上上呼叫它的時候，它會傳回一個適用於 `<path>` 元素 `d` 屬性所需的字串。

❼ 建立一個輪廓線 layout 實例，然後設定在圖形中的像素數目以及資料。選用的輪廓線數目很多的：當每一個都被使用顏色填滿時，它們將會產生出一個平滑的熱點圖。

❽ 對於每一個輪廓線，附加上一個 `<path>` 元素，然後依據在輪廓線物件上的屬性值來填上顏色。在每一個輪廓線上將會呼叫 `pathMkr`，然後產生一個適用於 `<path>` 元素 `d` 屬性的字串。

❾ 重新配置輪廓線 layout 以建立近似的 10 條輪廓線，然後呼叫它以產生未填色的輪廓線。

❿ 只是用來展示它是如何完成的：`contour()` 函式可以被使用於在指定的臨界值上產生一條單一的輪廓線。

⓫ 使用原始的 scale 物件把軸加到圖形中…

⓬ …並添加一個顏色盒以展示在這個熱點圖中顏色所對應到的數值。這個程式碼重用了在範例 8-2 中的顏色盒元件，然後使用一個 SVG 轉換去建立一個垂直方向的版本。

---

7 此色彩配置是基於 GMT Haxby 調色（*http://bit.ly/2GCv7Nk*），它出自於 Generic Mapping Tools 專案。

第九章

樹和網路

本章說明在考慮圖形元素彼此之間的一些限制以及設定關於它們的相對位置時，同時排列整個圖形元素集合的功能。首先，我們會討論階層式的資料集以及用樹狀圖來表現特定的拓樸。然後，將會討論對於資料點集合更一般化的限制，像是網路結構。

樹和階層式資料結構

階層式樹狀資料結構經常會遇到，而 D3 包含了許多不同的 *layout* 用於把它們表現成圖。如同第 5 章中的說明，layout 取得資料集，計算出正確的尺寸和位置，以外加成員變數的型式把它們加到輸入資料集中。但是 layout 並不會建立任何圖形元素；那是呼叫它的程式碼的工作，使用的是被 layout 加入的那些資訊。

準備資料

D3 階層式 layout 需要把資料表示成 D3 Node 實例樹（參考表 9-1 和表 9-2）[1]。如果資料已經是階層式格式，它可以使用 `d3.hierarchy()` 立即轉換。唯一的要求是在原始資料中的每一個節點需有它自己子代的相關知識。如果資料是以在父節點和子節點之間的連結表格集合提供，那麼 `d3.stratify()` 可以用來建構所需的 Node 實例樹（請參考 D3 參考說明文件：*https://github.com/d3/d3/blob/master/API.md*）。

1 不要被 D3 Node 實例所困惑，它常用於表示通用的階層資料結構，使用的是 DOM Node 介面。

表 9-1 D3 Node 實例方法 (node 是一個 D3 Node 實例)

函式	說明
`d3.hierarchy( data, accessor )`	從提供的資料集中建立一個 Node 實例樹；它傳回的是根節點。存取器函式被每一個在原始資料集中的節點所呼叫，而且應該要傳回一個子節點的陣列；它的預設值是 `d => d.children`。
`node.ancestors()`	傳回一個祖先輩節點的陣列，從目前的節點開始。
`node.descendants()`	傳回一個子孫輩節點的陣列，從目前的節點開始。
`node.leaves()`	傳回一個葉子（也就是沒有子代的）節點陣列。
`node.path( target )`	傳回一個從目前節點到目標節點組成最短路徑的節點陣列。
`node.links()`	傳回目前節點的連結陣列。在傳回陣列中的每一個項目是一個物件，具有 `source` 以及 `target` 屬性，它們將會分別被設定為父和子節點實例。
`node.count()`	對於在子樹中包含自己在內的每一個節點，計算在每一個節點下所屬的樹葉數目，並在每一個節點的 `value` 屬性中設定其值。葉節點數目是 1。傳回目前的節點。
`node.sum( accessor )`	以 post-order traversal 的方式從目前所在的節點遍歷子樹，把節點的 `data` 屬性值作為引數為每一個節點執行存取器函式。存取器函式的傳回值必須是一個非負數字。對每一個節點，存取器的傳回值會被累加到所有子代節點的總和，然後結果會被設定到節點的 `value` 屬性項上。傳回值是目前的節點。
`node.sort( comparator )`	使用 preorder traversal 方法，排序接收者節點的子代以及所有後代。comparator 會被傳入 a 和 b 兩個節點，而且必須分別傳回一個值是小於、等於、或大於 0，表示 a 分別是小於、等於、或是大於 b。
`node.each( function )`	在目前的節點以及每一個後代節點上呼叫提供的函式。每一個節點會被作為引數傳遞到函式中（也請參考 D3 的參考說明文件（*http://bit.ly/2IGHmw6*）中關於 `node.eachAfter()` 以及 `node.eachBefore()` 的部份）。
`node.copy()`	從給予的節點開始傳回一個子樹的深層複本。

函式 `count()`、`sum()`、以及 `sort()` 會修改樹的內容。它們必須在任何會使用到它們的結果之程式碼前明確地呼叫。

表 9-2 D3 Node 實例的屬性項（node 是一個 D3 Node 實例）

函式	說明
`node.data`	來自於原始資料集的紀錄，相對應於目前的節點，是一個物件的型式。
`node.depth`	與根節點的距離；根節點自己的深度（depth）是 0。
`node.height`	與可存取到最深的葉子節點之距離；葉子節點的高度（height）是 0。
`node.parent`	父節點；根節點的父節點是 `null`。
`node.children`	子節點的陣列；葉節點的子節點是 `undefined`。
`node.value`	由 `count()` 或是 `sum()`（詳見內文）所計算的累積性資訊之放置處。

樹的連結以及節點圖

用來表現階層式資料結構的其中一種方式是樹狀圖（*tree diagram*），它明顯地呈現連結以及節點。D3 提供兩個 layout 可以用來繪製此種圖表：`d3.tree` 和 `d3.cluster`。在此兩者中，`d3.tree` 建立相對緊湊的樹，從根節點出發，然後把每一個新產生的子項目放在距根節點相同的距離上。相對而言，`d3.cluster` 建立的樹的所有葉節點均被顯示在相同的深度上（參考圖 9-1）。

兩種 layout 提供相同的配置選項集（參考表 9-3）。結果的圖形尺寸可以被使用 2 種方式來配置：使用 `size()` 設定整張圖的最大尺寸，或是對每一個節點使用節點的 `size()` 設定其最小的尺寸。一個最簡單的例子可以在範例 9-1 中找到。在這個例子中使用的連結產生器全部都是可選用的；你可能會想要使用直線去取代線條的表現方式。

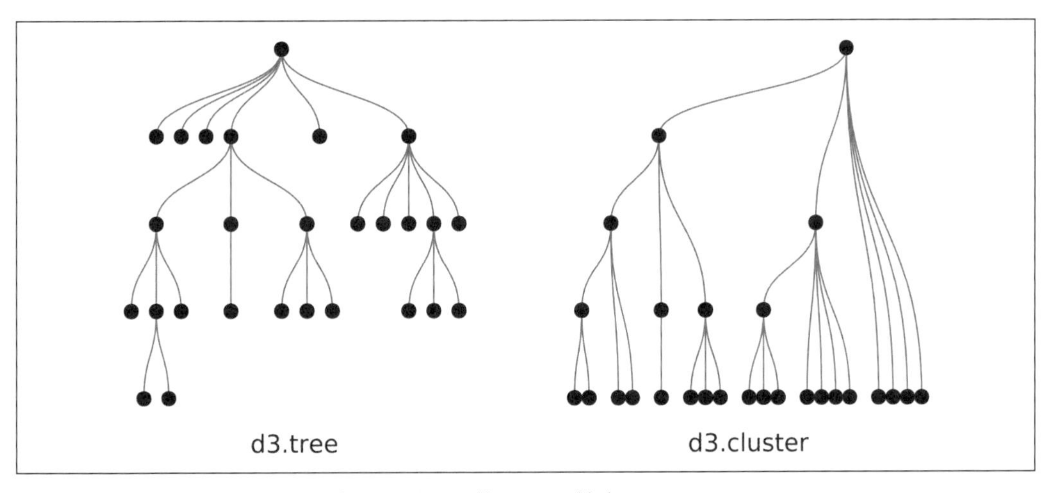

圖 9-1 相同的階層式資料集，使用 2 種不同的 layout 繪出

表 9-3 d3.tree 以及 d3.cluster 樹狀 layout 的方法（t 是樹 layout 實例）

函式	說明
`d3.tree()`	傳回一個新的 `tree` layout 實例。在最終的排列中，所有的相同深度的節點將會被放在距離根節點相同像素的位置。
`d3.cluster()`	傳回一個新的 `cluster` layout 實例。在最終的排列中，所有的葉節點將會在被放在距離根節點相同像素的位置。
`t( node )`	輸入一個 D3 `Node` 物件樹的根節點，然後計算在傳遞節點參數底下的節點之像素距離。傳回輸入階層，內容包括被加到每一個節點的成員變數之 x 和 y。
`t.size( [x, y] )`	取得一個 2 元素的陣列，它被視為結果圖形的寬和高像素大小。節點將會被排列，因此整個樹圖會符合實際要求尺寸的矩形大小。
`t.nodeSize( [x, y] )`	取得一個 2 元素的陣列，它被視為單一節點的寬和高像素大小。為了避免重疊，節點會被填補空間到足以分開的距離。

範例 9-1 圖 9-1 左側的指令碼

```
function makeTree() {
    d3.json( "filesys.json" ).then( function(json) {
        var nodes = d3.hierarchy(json, d=>d.kids);              ❶
        d3.tree().size( [250,225] )( nodes );                   ❷

        var g = d3.select( "#tree" ).append( "g" )              ❸
            .attr( "transform", "translate(25, 25)" );

        var lnkMkr = d3.linkVertical().x( d=>d.x ).y( d=>d.y ); ❹
        g.selectAll( "path" ).data( nodes.links() ).enter()     ❺
            .append( "path" ).attr( "d", d=>lnkMkr(d) )
            .attr( "stroke", "red" ).attr( "fill", "none" );

        g.selectAll("circle").data( nodes.descendants() ).enter() ❻
            .append("circle").attr( "r", 5 )
            .attr( "cx", d=>d.x ).attr( "cy", d=>d.y );
    } );
}
```

❶ 從輸入的資料中建構一個 D3 `Node` 物件樹。提供的存取器函式會被每一個在輸入的元素呼叫，然後傳回一個子節點的陣列（儲存在屬性值 `kids` 中的輸入）。

❷ 在節點樹上呼叫 d3.tree() layout 機制，然後在每一個節點加上位置資料。結果的座標值被預期會調整為指定尺寸的矩形中。layout 運算子修改它的輸入，因此它就不需要去捕捉它的傳回值。

❸ 附加 <g> 元素作為此樹的容器，然後把它移動到想要的位置。

❹ 建立一個連結產生器，然後配置它的存取器函式。當提供一個資料集時，此連結產生器會產生一個可以用在 <path> 元素 d 屬性中的命令字串（就如同在第 5 章中所描述的）。在此，我們使用一個產生器，它可以產生適用於每一個節點的垂直切線。

❺ 為從 node.links() 傳回的每一個元素建立一個 <path> 元素，然後在上面呼叫連結產生器。

❻ 使用 node.descendants() 取得節點陣列，然後用圓形來標記每一個節點。

根據輸入的資料，然後選擇 layout 演算法，有可能需要在把它們傳遞到 layout 之前先排序節點。當訪問這個節點時，它的子項目是依照排序之後的順序進行存取。在圖 9-1 中，這包含每一個節點的子項目從左到右的順序（以及它們的每一個子樹）。在圖 9-1 左側的樹節點被以輸入檔案的順序排列，但是在右側的樹，這些節點在呼叫 d3.cluster() layout 之前被重新依據它們的高度（到葉子節點的距離）進行排序（剩下的程式碼和範例 9-1 是相同的）：

```
var nodes = d3.hierarchy( json, d=>d.kids )
    .sort( (a,b) => b.height - a.height );
d3.cluster().size( [250,225] )( nodes );
```

很重要的是要瞭解被透過 d3.tree() 或是 d3.cluster() 加入的 x 和 y 屬性並不具有語義，它們只是在任意二維空間中的座標。要建立水平成長的樹，你可以在繪製圖形時交換這些座標，如下所示：

```
d3.linkHorizontal().x( d=>d.y ).y( d=>d.x );
```

以及相等於所有其他的圖形命令；例如，你需要去交換寬度和高度資訊等等。你甚至可以把座標解譯為角度和半徑以產生一個 *radial* tree，就如同圖 9-2 左側的樣子（請參考範例 9-2）。

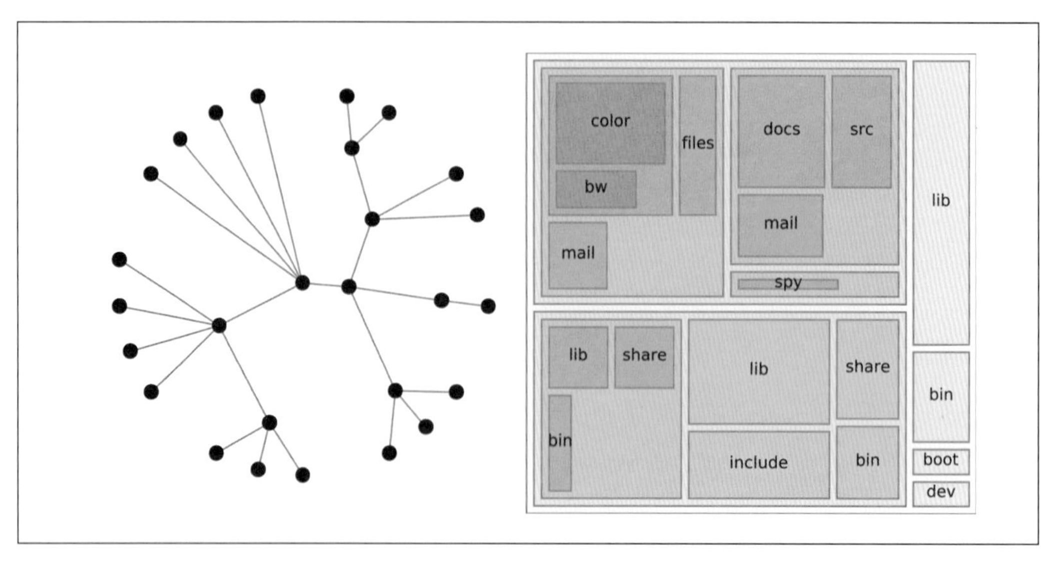

圖 9-2 左側：來自於圖 9-1 的資料集，以 radial layout 來展現（參考範例 9-2），右側：一個相同資料集的 treemap 圖（參考範例 9-3）

範例 9-2 圖 9-2 左側的程式指令

```
function makeRadial() {
    d3.json( "filesys.json" ).then( function(json) {
        var nodes = d3.cluster().size( [2*Math.PI, 125] )(        ❶
            d3.hierarchy( json, d=>d.kids )
                .sort( (a,b)=>b.height-a.height )
        );

        var g = d3.select( "#radial" ).append( "g" )
            .attr( "transform", "translate(150, 150)" );          ❷

        var h = function( r, phi ) { return  r*Math.sin(phi) }   ❸
        var v = function( r, phi ) { return -r*Math.cos(phi) }

        g.selectAll( "line" ).data( nodes.links() ).enter()
            .append( "line" ).attr( "stroke", "red" )
            .attr( "x1", d=>h(d.source.y, d.source.x) )           ❹
            .attr( "y1", d=>v(d.source.y, d.source.x) )
            .attr( "x2", d=>h(d.target.y, d.target.x) )
            .attr( "y2", d=>v(d.target.y, d.target.x) );

        g.selectAll( "circle" ).data( nodes.descendants() ).enter()
            .append( "circle" ).attr( "r", 5 )
            .attr( "cx", d=>h(d.y, d.x) )
            .attr( "cy", d=>v(d.y, d.x) );
    } )
}
```

❶ 要建立 radial tree，選用了適合於極座標的 2 座標範圍。

❷ 在此例，結果樹的原點要放在圖的中間，而包含的 `<g>` 元素也被依此放置。

❸ 定義一些用來處理極座標的本地函式。

❹ 在這個範例中，邊線是以 `<line>` 元素之直線來呈現。這使得我們需要明顯地存取在每一個連結之 `source` 以及 `target` 節點之座標（連結產生器預設就是用來執行這項作業）。

取代直線，radial 連結產生器能夠被使用於邊線上：

```
g.selectAll("path").data( nodes.links() ).enter().append("path")
    .attr( "d", d3.linkRadial().angle(d=>d.x).radius(d=>d.y) )
    .attr( "stroke", "red" ).attr( "fill", "none" );
```

遏制層次結構的區域圖

有時候把包含層次資料「捲」在一起是有趣的：例如，一個在檔案系統中的目錄可能包含一定數量的檔案，但是間接地，它也會包含所有它的子目錄中的所有檔案。要同時視覺化所有這三種資訊是一項挑戰：

- 每一個元件的個別大小
- 每一個元件以及所有它的子項目之累計大小
- 父 / 子階層關係

其中一種可以同時呈現此 3 種資訊的方式是 *treemap*，就如圖 9-2 右側所顯示的樣子。它使用區域面積展現大小（包含個別的和累計的），以及幾何包含的方式去展現本身的階層關係。

為了解決這類問題，D3 Node 抽象層提供兩個有用的成員函式。函式 `count()` 傳回在接收者節點底下子樹之葉子節點數目（包含接收者節點本身，因此葉子節點的 `count()` 會傳回 1）。比較之下，函式 `sum()` 為每一個節點計算存取器函式，它必須傳回一個非負的數字。接著 `sum()` 函式會計算目前節點之下子樹的這些數字之累積總和。`count()` 和 `sum()` 都會把它們的計算結果指定到每一個節點的成員變數中。`count()` 和 `sum()` 函式會在計算每一個需要 `value` 屬性項的函數之前被明顯地呼叫，以便事先在節點中設定好 `value` 的內容。

D3 包含一些 layout 把這些資訊轉換成圖形的排列。包括 d3.treemap() 以及 d3.partition() layout 使用矩形去呈現節點，而 d3.pack() layout 則使用圓來呈現。這些 layout 被呼叫的方式相當類似；範例 9-3 使用 d3.treemap() layout 來展現。

範例 9-3 建立一個 treemap（參考圖 9-2 的右側）

```
function makeTreemap() {
    d3.json( "filesys.json" ).then( function(json) {
        var sc = d3.scaleOrdinal( d3.schemeReds[8] );

        var nodes = d3.hierarchy(json, d=>d.kids).sum(d=>d.size)   ❶
            .sort((a,b) => b.height-a.height || b.value-a.value);   ❷

        d3.treemap().size( [300,300] ).padding(5)(nodes);          ❸

        var g = d3.select( "#treemap" ).append( "g" );

        g.selectAll( "rect" ).data( nodes.descendants() ).enter()
            .append( "rect" )
            .attr( "x", d=>d.x0 ).attr( "y", d=>d.y0 )
            .attr( "width", d=>d.x1-d.x0 )                         ❹
            .attr( "height", d=>d.y1-d.y0 )
            .attr( "fill", d=>sc(d.depth) ).attr( "stroke", "red" );

        g.selectAll( "text" ).data( nodes.leaves() ).enter()      ❺
            .append( "text" )
            .attr( "text-anchor", "middle" ).attr( "font-size", 10 )
            .attr( "x", d=>(d.x0+d.x1)/2 )
            .attr( "y", d=>(d.y0+d.y1)/2+2 )
            .text( d=>d.data.name );
    } );
}
```

❶ 從輸入檔案中建立一個 D3 Node 物件樹，然後計算 sum() 函式，把每一個節點的 size 成員作為它的值。

❷ 按高度降冪以及值降冪的方式對節點進行排序（為了 treemap 以及類似的 layout 之用）。

❸ 呼叫 layout 機制，指定一些額外的填充圍繞在元素周圍。

❹ d3.treemap() layout 為每一個矩形計算兩個角落位置，不是作為 <rect> 元素所需的寬和高。

❺ 只有葉節點才接收一個文字標籤。

基於力的粒子排列

如果在圖中需要排列的元素數目很大，或如果它們必須符合的限制很複雜，要找出最佳的或甚至是想要看起來的排列樣子可能不是那麼地清楚。如果是這種情形，那麼一個迭代地鬆弛機制可能會有所幫助：一開始讓所有的元素處於任意的初始化配置，套用一些限制，然後讓元素依此移動以回應這些限制。D3 包含了一個功能用於模擬一個元素集合的行為，根據這些限制去決定出一個滿意的排列。

如何進行模擬

在此我不會詳細說明完整的 API。取而代之的，我將提供一個概觀和指引，讓你對於參考說明文件上的內容會有感覺並可以得到一些幫助。

模擬的設置

模擬是作用在節點或粒子[2]陣列上的。一個粒子（particle）簡而言之就是一個任意的、有可能是空的、物件。除非它們已經存在，否則模擬將會建立以下的成員：x, y（位置）、vx, vy（速度），以及 index（作為識別字的數字索引）。如果一個粒子擁有成員 fx, fy（固定的位置），則這個粒子將會被視為靜止的：它將會和其他的粒子互動，但是在每一個迭代步驟的最後，它的位置將會被重置回 fx, fy，它的速度也會被重設為 0。粒子可以擁有任意（或沒有）屬性項；一個單一的識別字將會有所幫助（特別是在粒子和一個網路之間建立連結時）。

模擬會在它被建立時自動開始在「背景」執行，每一個動畫影格（參考第 4 章）進行一次模擬步驟。它可以利用 stop() 停止，也可以利用 restart() 重新啟動。一旦停止，它可以利用 tick() 手動地前進。利用 on() 可以註冊一個事件處理器，讓它在每一個迭代步驟之後（為了建立一個平順的動畫），或是結束之時（為了顯示最終的配置）呼叫執行。一個模擬可能會花一些時間才能完成（如果使用預設值，大約 5 秒）。

模擬不會明顯地傳回它的結果。取而代之的，它將在每一個模擬步驟中更新陣列中模擬粒子的位置以及速度。

2 在本文中，「node（節點）」一詞指的是資料結構中的一般節點，而不是 DOM 的 Node 或是 D3 Node。為了避免混淆，我只會用**粒子**（*particle*）這個名詞（這一點和 D3 參考說明文件中的慣例不同）。

收斂控制

模擬的目的是去建立一個「layout」，因此它被設計去收斂到一個最終的配置然後停止。收斂是透過一個叫做 *alpha* 的參數來控制。預設的情況下，alpha 會在每一個步驟之後減去一個常數；如果它落在由 `alphaMin()` 所設定的臨界值之下，則模擬就會停止。大部份（非全部）的相互作用把在每一步驟會被套用的改變乘上 alpha 參數的目前值，因此在模擬的進行中遞增的改變就會減少[3]。`Decay()` 方法被使用在控制 alpha 參數減少的速度有多快；要讓模擬永遠不停地執行，則讓 alpha 參數保持為常數即可。預設的 decay 速率模擬將會在 300 個模擬步驟後結束。如果每個步驟中粒子位置的增量變化變小，則沒有沒有內部的規定可以停止模擬；此種功能要額外地添加上去。

為了要收斂（以及避免雜散地振盪和不穩定），所有的粒子都被設定為一般摩擦（與粒子速度成正比，但和方向相反的相互作用）。摩擦係數可以透過 `velocityDecay()` 來設定。

限制與交互作用

D3 定義一些預先定義的限制或互動可以作用在粒子之間。D3 說明文件把它們叫做「force（力）」，但是很重要需要瞭解的地方是這些並不一定是牛頓定律 $F = ma$ 中的力。我將會使用**交互作用**（*interaction*）這個名詞以避免發生混淆。

交互作用被建立為實例，然後傳遞給模擬。每一個實例可以被分別配置。一個交互作用實例可以使用 `force()` 加入到模擬中。這個函式取得一個任意的標記名稱（tag name）以及一個交互作用的實例。同一個交互作用類型可以被加入許多實例（使用不同的配置）到一個模擬中。

每一個個別的**粒子**之屬性項可以透過**交互作用**實例進行配置。對於一些交互作用類別，可以交互作用的強度，不管是作為一個整理的常數或是作為每一個粒子存取器函式，此函式可以針對每一個粒子傳回不同的值。

一些交互作用被實作為（牛頓的）力，其他的則作為（軟的）限制（constraints）。對於限制，為了驅動系統去接近一個配置以滿足這些限制，可以迭代地把它們套用到每一個整體模擬步驟許多次。

不同交互作用實例的效果並不是結合成一個在每一個粒子上的「總力（total force）」，而是每一個交互作用實例的效果是在被下一個交互作用實例被計算及影響之前，被分別地套用到所有粒子。

3　減少 alpha 的效果是類似的，但是並不完全等於，減少模擬步驟的長度。

內建的交互作用

D3 包含了一些內建的交互作用。你使用以下的工廠函式去取得一個交互作用的實例，配置它，然後把它傳遞到模擬物件。

`d3.forceCenter( x, y )`

一個整體性的調整（translation（平移）），在每一個模擬步驟之後建立所有粒子的位置，保持在指定位置的系統質量中心點。

`d3.forceCollide( radius )`

一個在粒子對之間的軟核（soft-core）推斥。它在兩個粒子間的覆疊量是線性的（以它們的中心點間的距離測量），如果沒有覆疊的話就是 0。粒子半徑可以整體性地設定（對所有的粒子），或是透過定義一個存取器函式去允許個別的粒子有不同的半徑。一個全域的強度參數可以被設定，可以迭代地增強限制。

`d3.forceLink( [ links ] )`

在粒子對之間的軟限制（soft constraint）。如果兩個粒子形成一個「連結（link）」，則此限制的作用在於保持這兩個粒子之間在指定距離間的分隔。這個限制可以在想要的距離之偏差內線性地成長（虎克定律，諧波振盪器交互作用）。期望的距離以及交互作用的強度可以全域性地設定，或是作為存取器讓每一個連結個別設定。連結是以物件陣列的方式指定，每一個都必須有 `source`、`target`、以及 `index` 屬性項。前面兩個必須識別出來自於執行中的模擬粒子，或是作為物件參考或藉由任意的識別字。在後面的例子中，`id()` 函式必須被使用在設定一個存取器函式，當在一個模擬粒子上被呼叫時，傳回使用在連結物件中的 ID（參考範例 9-5 的例子）。

`d3.forceManyBody()`

一個在粒子對之間的交互作用，與其距離的反向平方成正比（庫侖定律，引力）。它可以是吸引力或是排斥力，端看強度參數的符號而定（正值是吸引力，而負值則是排斥力）。強度可以全部一起設定，或是透過每一個粒子的存取器 [4] 設定。交互作用的範圍可以在兩個限制間截斷（短程和長程）。此外，預設的情況下使用一個近似值，當更多遙遠的粒子第一次被聚合成叢集時，則交互作用是在這些叢集間進行計算，而不是在個別粒子上計算。這個近似值被一個叫做 `theta` 的參數所控制。

---

4 如果有些粒子的強度參數是正的，而有一些是負的，組態配置將不會被設置到一個穩定的組態配置。具負強度值的粒子將會試著去遠離其他的粒子，但是具正強度值的粒子則會跟隨它們，如此將會導致非物理性的失控情況。

`d3.forceX( x ), d3.forceY( y ), d3.forceRadial( r, x, y )`

藉由驅動一個粒子位置的單一元件朝向一個絕對值，使其沿著一維的直線或圓弧線錨定所有粒子的軟限制。前面 2 個交互作用具有分別驅動 x 及 y 座標到指示值的效果。第 3 個的用途在於最小化粒子從指定半徑和圓心的圓上最接近點的距離（也就是，它用於在它的角座標不變的情況下，修正粒子位置的 radial 元件）。這個限制的大小和在所選擇的座標軸上的距離之投影成正比（換句話說，第一個交互作用的大小和 `x - particle.x.` 成正比）。強度可以一起設定，或是透過每一個粒子的存取器個別設定。

有一些可用的交互作用類型可以在使用 **`force()`** 時被放入模擬中。此外，每一個粒子的固定位置（透過在粒子物件上的 **`fx, fy`** 屬性項）以及整體的摩擦（透過 **`velocityDecay()`**）也會影響粒子的行為。最後，也可以建立自訂的交互作用類型，用於整體的 D3 模擬框架上（但這是一項艱難的任務）。

範例

在所有的理論之後，用兩個簡單的範例示範如何使用模擬功能。

建立一個 network layout

範例 9-5 從一個 JSON 檔案中載入粒子和連結的清單，其中有一些被顯示在範例 9-4 中。然後一個模擬被執行直到完成產生在圖 9-3 中的例子排列為止。此圖是使用事件監聽器所建立的，它會在模擬結束的時候被觸發。

範例 9-4 定義一個網路的 JSON 檔案之部份內容

```
{ "ps": [ { "id": "A" },
          { "id": "B" },
          { "id": "C" },
          ... ],
  "ln": [ { "source": "A", "target": "B" },
          { "source": "A", "target": "C" },
          { "source": "A", "target": "D" },
          ... ]
}
```

範例 9-5 使用一個 *force-based* 模擬去排列一個網路的節點（參考圖 9-3）

```
function makeNetwork() {
    d3.json( "network.json" ).then( res => {
        var svg = d3.select( "#net" )
        var scC = d3.scaleOrdinal( d3.schemePastel1 )

        d3.shuffle( res.ps ); d3.shuffle( res.ln );

        d3.forceSimulation( res.ps )
            .force("ct", d3.forceCenter( 300, 300 ) )
            .force("ln",
                   d3.forceLink( res.ln ).distance(40).id(d=>d.id) )
            .force("hc", d3.forceCollide(10) )
            .force("many", d3.forceManyBody() )
            .on( "end", function() {
                svg.selectAll( "line" ).data( res.ln ).enter()
                    .append( "line" ).attr( "stroke", "black" )
                    .attr( "x1", d=>d.source.x )
                    .attr( "y1", d=>d.source.y )
                    .attr( "x2", d=>d.target.x )
                    .attr( "y2", d=>d.target.y );

                svg.selectAll("circle").data(res.ps).enter()
                    .append("circle")
                    .attr( "r", 10 ).attr( "fill", (d,i) => scC(i) )
                    .attr( "cx", d=>d.x ).attr( "cy", d=>d.y )

                svg.selectAll("text").data(res.ps).enter()
                    .append("text")
                    .attr( "x", d=>d.x ).attr( "y", d=>d.y+4 )
                    .attr( "text-anchor", "middle" )
                    .attr( "font-size", 10 )
                    .text( d=>d.id );
            } )
    } );
}
```

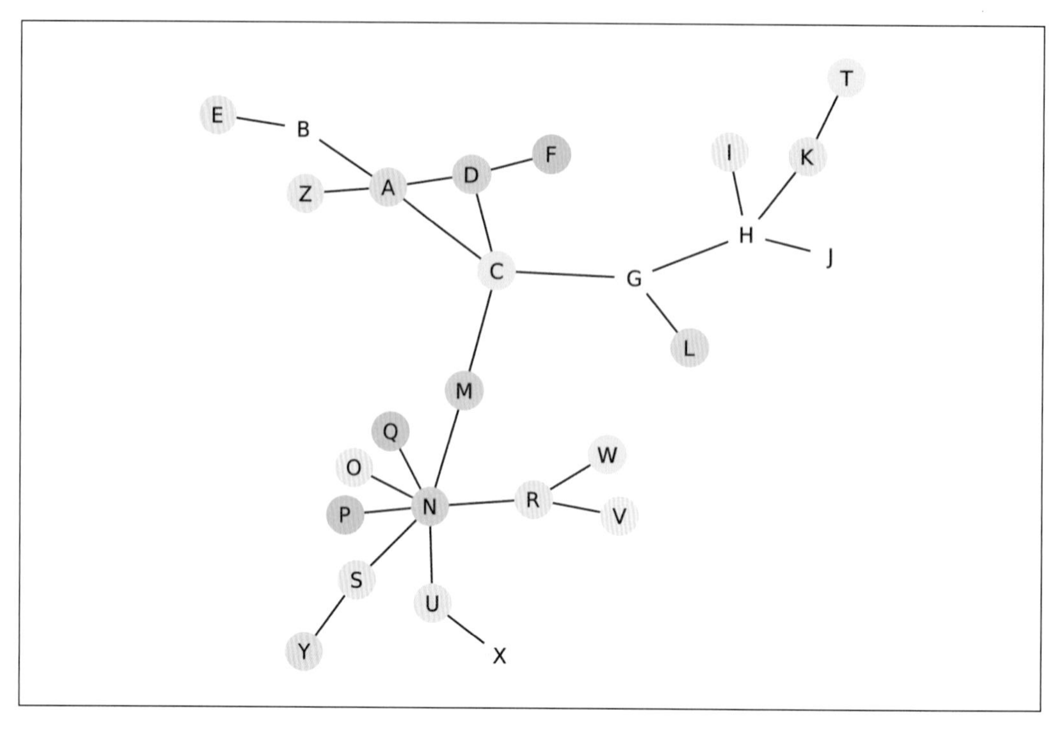

圖 9-3 網路的節點，透過 force-based 模擬排列（參考範例 9-5）

這個模擬使用了 4 個不同的交互作用。連結交互作用以及軟核推斥的目的很清楚。長程，推斥的「many body」交互作用確保網路是攤開的，而且這些粒子在一個緊密的叢集中不會疊在一起。「centering」交互作用最終修正了在 SVG 元件中整個叢集的整體位置。沒有它，則只有相對的，但不是絕對的，粒子的座標將會被決定。

模擬的結果是不確定性的。如果網路的最終排列看起來不令人滿意，那麼再一次執行模擬可能會產生一個比較好的結果。在此例，粒子和連結的順序應該打亂以呈現這個模擬一個不同的啟始配置（例如，使用 `d3.shuffle()`，請參考第 10 章）。

動態的粒子

這個模擬框架可以被用來建立物理系統的動畫。在範例 9-6 中，兩個透過彈簧連結的粒子彼此間相互彈跳。這些粒子的初始配置讓它們圍繞著它們共同的質量中心旋轉。

範例 9-6 使用 *force-based* 模擬去建立動態的圖形

```
function makeSimul() {
    var ps = [ { x: 350, y: 300, vx: 0, vy: 1 },
               { x: 250, y: 300, vx: 0, vy: -1 } ];
    var ln = [ { index: 0, source: ps[0], target: ps[1] } ];

    var cs1 = d3.select( "#simul" ).select( "#c1" );
    var cs2 = d3.select( "#simul" ).select( "#c2" );

    var sim = d3.forceSimulation( ps )
        .alphaDecay( 0 ).alphaMin( -1 ).velocityDecay( 0 )
        .force("ln", d3.forceLink(ln).distance(50).strength(0.01))
        .on( "tick", function() {
            cs1.attr( "cx", ps[0].x ).attr( "cy", ps[0].y );
            cs2.attr( "cx", ps[1].x ).attr( "cy", ps[1].y );
        } );
}
```

為了簡單起見，範例 9-6 假設 SVG 元素已經包含了兩個可以使用的 `<circle>` 元素。一個事件處理器已經被安裝，它可以在每一個模擬步驟之後更新圓的位置。

模擬的參數已經被選用以讓這個模擬在執行時不會收斂（沒有 alpha decay 也沒有 friction）。不過，你將會注意到，這個振盪是具有阻尼作用而且在一會兒之後就消失了。理由是，`d3.forceLink()` 的實作使用 anticipatory update 演算法，它是比較穩定但是比較沒有物理上的真實性。要建立一個物理上正確的模擬，你需要編寫自己的交互作用（或是去修改現有的）。

第十章

工具：陣列、統計與時間戳記

D3 包含了一些輔助的功能，大部份都是 JavaScript 的內建功能。本章將介紹兩個常用的主題：陣列的操作與日期和時間的操作。

結構化陣列操作

D3 包含一些函式可以變更陣列的結構（任意型式）。表 10-1 摘要了一些最有用的函式，它們被使用在本章的許多地方。

表 10-1 用來建立和操作 JavaScript 陣列的 D3 函式

函式	說明
d3.range(start, stop, step)	傳回一個均勻分佈的數字陣列，在 start（包含）以及 stop（不包含）之間重複取得從 start 累加上 step 的值。step 不一定要是整數，也不必然是正數。如果只提供一個引數，這個引數就會被認為是 stop；而此時 start 的預設值就是 0，且 step 的預設值則為 1。如果提供的是 2 個引數，則它們會當作是 start 和 stop，此時的 step 預設值是 1。

函式	說明
d3.shuffle(array, low, high)	執行子陣列內部的洗牌作業，子陣列的範圍由 low（包含）和 high（不包含）來決定。如果沒有設定範圍，則會對整個陣列進行洗牌，會傳回陣列。
d3.cross(a, b, reducer)	傳回一維陣列 a 和 b 的笛卡爾乘積。reducer 函式會在輸入元素的每一對中呼叫執行；它的傳回值被放入這個乘積中。預設的 reducer 構成其輸入之 2 元素陣列：(u, v) => [u, v]。
d3.merge([array])	取得陣列的陣列，然後串接它們的元素成為 1 個單一的陣列。巢狀資料結構無法使用。
d3.pairs(array, reducer)	在每一個元素的相鄰配對呼叫 reducer 函式，然後收集 reducer 的傳回值成為一個一維陣列。傳回的陣列會比輸入的陣列少一個項目。預設的 reducer 會建立一個它的輸入的 2 元素陣列；(u, v) => [u, v]。如果輸入的陣列少於 2 個元素則傳回空陣列。
d3.transpose(matrix)	取得一個二維陣列的陣列，然後傳回它的轉置陣列。
d3.zip(array1, array2, …)	取得任意數目的陣列。傳回一個陣列的陣列，第一個陣列包含來自於所有引數的第一個元素，第二個陣列包含第二個元素，依此類推。傳回的陣列的長度就是引數中最短的長度。如果只提供一個陣列，則傳回單一引數陣列的陣列。

上述表格並不完整，省略了一些高效搜尋陣列的函式（使用二分搜尋法）以及主要被 D3 內部所使用的函式（例如，用於產生刻度記號）。完整內容請參閱 D3 參考說明文件（*https://github.com/d3/d3/blob/master/API.md*）。

數值陣列的描述性統計

表 10-2 摘要了一些用於計算一組資料集之描述性統計的函式。這些函式主要是用在**數值**資料。未定義值（null、undefined 以及 NaN）會被忽略；它們也不會被計算到陣列中的元素數目中（例如，在計算平均值時）。

表 10-2 在一個數值陣列上計算基本描述性統計的一些方法。每一個函式可以取得一個選用的存取器函式，它可以被傳遞到目前的陣列元素。

函式	說明
d3.min(array, accessor), d3.max(array, accessor)	傳回陣列中的最小和最大值元素，如果陣列是空的則傳回 undefined。
d3.extent(array, accessor)	同時傳回最小和最大陣列元素，以一個 2 元素的陣列 [min, max] 傳回。如果輸入是空的，則傳回 [undefined, undefined]。

函式	說明
d3.sum(array, accessor)	傳回陣列元素的總和，如果陣列是空的則傳回 0。
d3.mean(array, accessor)	傳回陣列元素 s^2_{n-1} 的平均值，如果陣列是空的則傳回 undefined。
d3.variance(array, accessor), d3.deviation(array, accessor)	分別傳回樣本方差以及它的平方根。如果輸入的值少於兩個，則傳回 undefined。
d3.median(array, accessor)	傳回中位數，如果輸入是空的則傳回 0。此陣列並不需要經過排序。[a]
d3.quantile(array, p, accessor)	傳回 *p* 分位數，其中 0 ≤ p ≤ 1。輸入的陣列必須是排序過的。[a]

[a] 中位數和分位數是使用 R-7 方法計算的：*https://en.wikipedia.org/wiki/Quantile*。

直方圖

D3 包含一個產生數值資料直方圖的方式。直方圖功能是一個 layout：它傳回一個由一些箱子所組成的陣列。每一個箱子是一個包含屬於這個箱子的原始資料點之陣列：它的 `length` 屬性項就是每一個箱子的元素數目。每一個箱子也有 `x0` 和 `x1` 屬性項，它們包含了這個箱子的上下邊界（詳情請參閱表 10-3 以及 D3 的參考說明文件（*https://github.com/d3/d3/blob/master/API.md*））。

表 10-3 建立直方圖的函式和方法（h 是一個直方圖實例）

函式	說明
d3.histogram()	傳回一個新的直方圖 layout 運算子。
h(array)	計算提供的陣列元素之直方圖。
h.value(accessor)	設定值 accessor。這個 accessor 將會在每一個輸入陣列中的每一個元素裡被呼叫，傳入的元素 `d`，索引 `i`，以及陣列本身三者作為引數。預設的 accessor 假定輸入的值是可排序的；如果不是，此 accessor 應該要傳回一個資料集中每一個元素相關的可排序值。
h.domain([min, max])	在建構直方圖時，設定可以被考慮的最小和最大值；超出範圍的值會被忽略。這個區間可以被使用一個陣列指定，或使用一個 accessor 函式，它會在值的陣列上被呼叫。如果輸入的資料是不可排序的，則這個區間應該被指定在一個相對應可排序的資料上。

函式	說明
`h.thresholds( count )`, `h.thresholds( [boundary] )`, `h.thresholds( fct )`	如果引數是一個整數，它被視為要建立的箱子之期望的相等大小數目。如果它是一個陣列，則它的元素就被視為是箱子的邊界；如果有 n 個邊界，則結果的直方圖將會有 $n+1$ 個箱子。如果引數是一個函式，則它會被期望可以產生一個箱子邊界的陣列。預設值是 `d3.thresholdSturges`。
`d3.thresholdSturges()`	使用 $1+\lceil \log_2 n \rceil$ 計算箱子的數量，其中 n 是資料點的數量。
`d3.thresholdScott()`	使用 $3.5\sigma/\sqrt[3]{n}$ 計算箱子的寬度，其中 σ 是樣本標準差，而 n 是資料點的數量。
`d3.thresholdFreedmanDiaconis()`	使用 $2\,\mathrm{IQR}/\sqrt[3]{n}$ 計算箱子的寬度，其中 IQR 是樣本四分位數間距，而 n 是資料點的數量。

圖 10-1 展示了一個典型的直方圖。在範例 10-1 中的程式碼為這些箱子的水平位置使用一個 *band scale*。band scale 對應一個離散的值集合（箱子）到一個連續的數字（像素）。它也呈現了其他有用的資訊，像是每一個箱子被計算的寬度（像素）。每一個箱子的外圍之填充可以設定（作為箱子寬度的小部份）。呼叫 `round()` 強制箱子的邊界符合像素座標（整數），如此可以避免抗鋸齒效應並產生比較銳利的邊界。

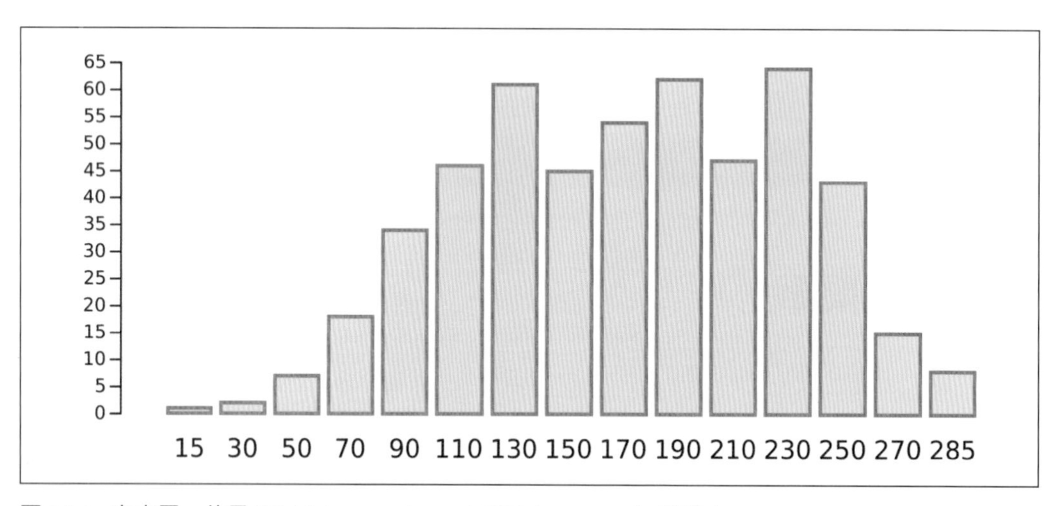

圖 10-1 直方圖，使用 D3 histogram layout 以及 band scale 所建立

範例 10-1 圖 10-1 的指令程式碼

```
function makeHisto() {
    d3.csv( "dense.csv" ).then( function( data ) {
        var histo = d3.histogram().value( d=>+d.A )( data );

        var scX = d3.scaleBand().padding( 0.2 ).round( true )
            .range( [15, 515] ).domain( histo );

        var scY = d3.scaleLinear().range( [200, 0] )
            .domain( [0, d3.max( histo, d=>d.length ) ] ).nice();

        var g = d3.select( "#histo" )
            .append( "g" ).attr( "transform", "translate( 40,50 )" )

        g.selectAll( "rect" ).data( histo ).enter()
            .append( "rect" ).attr( "width", scX.bandwidth() )
            .attr( "x", scX ).attr( "y", d=>scY(d.length) )
            .attr( "height", d => 200-scY(d.length) )
            .attr( "fill", "red" ).attr( "fill-opacity", 0.2 )
            .attr( "stroke", "red" ).attr( "stroke-width", 2 )

        g.selectAll( "text" ).data( histo ).enter().append( "text" )
            .attr( "text-anchor", "middle" )
            .attr( "font-family", "sans-serif" )
            .attr( "font-size", 14 )
            .attr( "x", d => scX(d)+0.5*scX.bandwidth() )
            .attr( "y", 225 )
            .text( d=>(d.x0+d.x1)/2 );
        g.append( "g" ).call( d3.axisLeft(scY) );
    } );
}
```

日期和時間戳的操作

D3 提供可以在日期上執行算術的功能。最特別的是，它提供多種方式產生相等間隔時間的集合，像是產生在座標軸上使用的刻度記號。D3 並沒有自己的 date/time 抽象層，所有相關的函式均是建構在（以及操作在）原生的 JavaScript `Date` 資料型態上，因此，也和它們有相同的限制（尤其是關於高精度日期的計算）。請參考以下補充說明中的一些額外的備註和警告。

JavaScript Date 型態

在內部，JavaScript Date 是以從 Unix epoch（Unix 紀元）起經過之毫秒（不是秒）來表示時間。閏秒被忽略不計。

要取得一個 Date 物件，你必須使用 new 關鍵字呼叫建構子；只呼叫 Date() 函式將會產生一個人類可讀的字串表示型式：

```
var date   = new Date();     // a Date object
var string = Date();         // a human-readable string
var millis = Date.now();     // milliseconds since the epoch
```

Date 建構子可以用不同的引數來呼叫（通常月索引是從 0 開始計算；字串表示方法是依循 ISO 8601 格式）：

```
new Date();
new Date( millis );
new Date( isostring );
new Date( year,monthIndex,day,hour,minute,second,millis );
```

可以對日期**減去**一個數字或另外一個日期：此時日期會轉換成毫秒。然而，當嘗試把一個數字**加到**日期時，這兩個引數將會被轉換成字串，然後串接在一起。使用單元前置符號「+」強制 Date 成為一個數字，然後使用建構子從結果中以毫秒的型式取得一個新的 Date 物件。請記住，所有的數值引數必須表示成**毫秒**而不是秒：

```
var now = new Date();
var then = now - 1000;
var later = new Date( +now + 10000 );
```

非等式比較如預期般地工作，但是相等比較需要特別留意，因為不論是 == 或 === 運算子，將會把它的引數轉換成數字，則比較時**物件識別**比較就取代了**值的相等性**。要確保比較的是值，需強制把引數轉換成數字：

```
if( later > now ) { ... } ;

var now2 = new Date( +now );
if( now == now2 ) { ... }
if( +now == +now2 ) { ... }
```

大部份在 date/time 資訊上執行計算的困難，來自於連續時間維度的方式被分成許多不同的區間（像是小時、天、以及月），它們通常不是相同的長度（月），也不需要彼此對齊（像是星期和月份）。D3 使用以下的方式處理這些問題：

- 在計算的開端，期望的時間區間（也就是，目前計算的大小）必須被選擇，而且要在整個計算過程中維持固定：一開始就要選擇你想要考慮的是天、星期、月份等等）。
- 時間戳一般被選定的區間**截斷**（時間戳可能會被目前日期的午夜所截斷，或是目前這個月份的第一天，依照選用的時間區間為何而定）。
- 之後就會依據選用的區間大小對多個毫秒進行加法及減法計算。

在此有一些典型的例子（表 10-4 有一個完整的函式列表）。請注意，和本地區域設定有關的結果在最後一列：

```
var now         = new Date();                              ❶
var nextMonth   = d3.timeMonth.offset( now, 1 );           ❷
var daysBetween = d3.timeDay.count( now, nextMonth );      ❸
var weekStarts  = d3.timeWeek.range( now, nextMonth );     ❹
```

❶ 建立一個目前計算集合的基準線。

❷ 目前這一刻的一個月後。與其他時間處理函式不同的地方在於，`offset()` 並不會截斷它的參數，因此結果的時間戳保留了日期的目前時間。

❸ 今天和下一個月相對應的那天之間的天數。結果會依據目前這個月份的天數而定。

❹ 變數 `weekStarts` 包含一個 4 個時間戳的陣列（或 5 個，依據現在的值而定），每一個標記一個星期的開始（在美國是星期日，如果你選的是不同的本地資訊，則計算出來的結果有可能會不同）。

表 10-4 在時間間隔上的計算（itvl 是一個間隔實例）。所有的函式均可以接受取代 Date 實例的毫秒數

函式	傳回型態	說明
`itvl( date )`	`Date`	和 `itvl.floor( date )` 相同。
`itvl.floor( date )`	`Date`	傳回一個新的 `Date`，它相當於在引數 date 之前或相等的最後的區間邊界。
`itvl.ceil( date )`	`Date`	傳回一個新的 `Date`，它相當於在引數 date 之後或相等的最早的區間邊界。

函式	傳回型態	說明
itvl.round(date)	Date	傳回一個新的 Date，它相當於最接近引數 date 的區間邊界。
itvl.offset(date, n)	Date	傳回一個新的 Date，它相等於在引數 date 之後（如果 n 是正數）或之前（如果 n 是負數）n 個區間的日期。date 不會被截斷，如果 n 不是整數，則它會被 Math.floor(n) 所取代。如果沒有提供 n，則預設值是 1。
itvl.count(date1, date2)	Number	傳回在 date1 之後，並在 date2 之前或等於 date2 的區間邊界數目。
itvl.range(start, stop, step)	[Date]	傳回 Date 物件的陣列，代表等於或在 start 之後，並嚴格地在 stop 之前的每一個區間。如果指定了 step，則只有每隔 step 邊界才會被加進去。如果 step 不是整數，它會被 Math.floor(n) 所取代。
itvl.filter(fct)	Interval	傳回一個新的區間，它被以接收者的子集合來進行過濾。提供的函式將會被傳遞一個 Date，並應該會在 date 打算被保留時才傳回 true。
itvl.every(step)	Interval	一個過濾的區間只在接收者的每一個 step 中保留。例如，d3.timeMinute.every(15) 傳回一個區間代表小時的一刻鐘，從整個小時開始計算。

D3 定義一個內建的區間集合，如表 10-5 所示。除了表格中的區間外，D3 也定義了一些區間，用於星期之中在一週裡的任意啟始日（像 d3.timeMonday 表示星期是從星期一開始算等等）。你也可以使用 d3.timeInterval() 函式自行定義區間。

表 10-5 內建的時間區間

本地時間	UTC 時間
d3.timeMillisecond	d3.utcMillisecond
d3.timeSecond	d3.utcSecond
d3.timeMinute	d3.utcMinute
d3.timeHour	d3.utcHour
d3.timeDay	d3.utcDay
d3.timeWeek	d3.utcWeek
d3.timeMonth	d3.utcMonth
d3.timeYear	d3.utcYear

剖析及格式化時間戳

格式化時間戳（timestamp，也就是，JavaScript `Date` 物件的實例）依循使用於數字（參考第 6 章）的工作流程：

1. 取得一個 locale 物件（或使用目前預設的 locale—參考表 10-6）。
2. 給予一個 locale 物件，藉由提供一個格式化字串規格實體化一個 formatter。
3. 使用一個 `Date` 實例作為引數呼叫這個 formatter 去取得一個格式字串。

表 10-6 取得一個 timestamp 的 locale 物件之方法

函式	說明
`d3.timeFormatLocale( def )`	提供一個 locale 定義，然後傳回一個適用於 timestamp 轉換的 locale 物件。
`d3.timeFormatDefaultLocale( def )`	提供一個 locale 定義，然後傳回一個 locale 物件，但也會為這個 timestamp 轉換設定為預設值。

除了把 `Date` 物件格式為字串的函式（參考表 10-7）外，還有一些函式可以依據指定的格式規範剖析字串，然後傳回相等的 `Date` 物件（參考表 10-8）。如果你有一個以字串表示的 timestamp 這就很有用（如果你擁有的是一個單獨的元件，請使用 `new Date(...)`）。如果輸入字串並不**精確地**符合格式規範以致於剖析器無法剖析它的輸入，則會傳回 `null`。formatter 以及剖析器處理它們的輸入分為本地的或是 UTC 時間兩種版本。

表 10-7 格式化 timestamp 的方法（loc 是 locale 實例）

函式	說明
`d3.timeFormat( fmt )`	使用在字串 `fmt` 中指定的格式規範，利用目前預設的 locale 傳回一個 timestamp formatter 實例。傳回的 formatter 將會用來以本地時間解譯它的引數。
`d3.utcFormat( fmt )`	使用在字串 `fmt` 中指定的格式規範，利用目前預設的 locale 傳回一個 timestamp formatter 實例。傳回的 formatter 將會用來以 UTC 時間解譯它的引數。
`loc.format( fmt )`	使用在字串 `fmt` 中指定的格式規範，利用接收者的 locale 傳回一個 timestamp formatter 實例。傳回的 formatter 將會用來以本地時間解譯它的引數。
`loc.utcFormat( fmt )`	使用在字串 `fmt` 中指定的格式規範，利用接收者的 locale 傳回一個 timestamp formatter 實例。傳回的 formatter 將會用來以 UTC 時間解譯它的引數。
`d3.isoFormat( date )`	ISO 8601 格式 %Y-%m-%dT%H:%M:%S.%LZ 的 formatter 實例。傳入 date 物件，然後傳回一個格式化的字串。

來自於表 10-7 以及 10-8 的一些函式使用範例：

```
var now = new Date();
console.log( d3.timeFormat( "%a %B" )( now ) );
console.log( d3.isoFormat( now ) );

var then = d3.timeParse( "%Y-%m-%d" )( "2018-10-25" );
```

也請參考範例 7-3 的例子。

表 10-8 剖析 timestamp 的方法（loc 是一個 locale 實例）

函式	說明
`d3.timeParse( fmt )`	傳回一個使用字串 **`fmt`** 指定格式規範，以目前預設 locale 的 timestamp 剖析器實例。傳回的 formatter 將會以本地時間解譯它的引數。
`d3.utcParse( fmt )`	傳回一個使用字串 **`fmt`** 指定格式規範，以目前預設 locale 的 timestamp 剖析器實例。傳回的 formatter 將會以 UTC 時間解譯它的引數。
`loc.parse( fmt )`	傳回一個使用字串 **`fmt`** 指定格式規範，以接收者 locale 的 timestamp 剖析器實例。傳回的 formatter 將會以本地時間解譯它的引數。
`loc.utcParse( fmt )`	傳回一個使用字串 **`fmt`** 指定格式規範，以接收者 locale 的 timestamp 剖析器實例。傳回的 formatter 將會以 UTC 時間解譯它的引數。
`d3.isoParse( string )`	ISO 8601 格式 %Y-%m-%dT%H:%M:%S.%LZ 的剖析器實例。傳入一個字串，然後傳回一個日期實例。

格式規範的語法與標準 C 函式庫的 **`strftime()`** 以及 **`strptime()`** 函式家族相同。參考表 10-9（這個表格從 D3 參考說明文件中擷取過來的）。

表 10-9 時間和日期資訊的轉換規範

	說明
`%a`	星期名的簡稱 [a]
`%A`	星期名的全名 [a]
`%b`	月份名的簡稱 [a]
`%B`	月份名的全名 [a]
`%c`	本地的日期和時間，例如 %x、%X [a]
`%d`	使用 0 填滿月份中第幾日的數字 [01,31]
`%e`	使用空格填滿月份中第幾日的數字 [1,31]；相當於 %_d
`%f`	把毫秒以 10 進位整數顯示 [000000, 999999]

	說明
%H	小時 (24-hour 時間) 以 10 進位整數顯示 [00,23]
%I	小時 (12-hour 時間) 以 10 進位整數顯示 [01,12]
%j	一年中的第幾天，以 10 進位整數顯示 [001,366]
%m	月份作為 10 進位整數顯示 [01,12]
%M	分鐘作為 10 進位整數顯示 [00,59]
%L	毫秒作為 10 進位整數顯示 [000, 999]
%p	AM 或是 PM[a]
%Q	從 Unix 紀元開始計算的毫秒數
%s	從 Unix 紀元開始計算的秒數
%S	秒作為 10 進位整數顯示 [00,61]
%u	以週一為基礎 (ISO 8601) 之星期第幾天作為 10 進位整數顯示 [1,7]
%U	以週日為基礎之一年的第幾週作為 10 進位整數顯示 [00,53]
%V	以週一為基礎 (ISO 8601) 之一年的第幾週作為 10 進位整數顯示 [01, 53]
%w	週日為基礎之星期第幾天作為 10 進位整數顯示 [0,6]
%W	週一為基礎之一年的第幾週作為 10 進位整數顯示 [00,53]
%x	本地時間之日期，例如 %-m/%-d/%Y[a]
%X	本地時間之時間，例如 %-I:%M:%S %p[a]
%y	不含世紀之年份，以 10 進位整數顯示 [00,99]
%Y	以 10 進位顯示年份
%Z	時區的偏移值，例如 -0700、-07:00、-07、或 Z
%%	顯示百分符號 %

[a] 輸出可能會被所選用的地區資訊所影響。

附錄 A

安裝、工具、資源

安裝

要使用 D3，必須在網頁伺服器的環境下才能夠執行相關的網頁、JavaScript 檔案、以及其他的一些資源（例如資料檔案），而伺服器可以執行在主機上也可以是在本地端電腦中。原則上，你可以使用 *file:* 協定載入 JavaScript 所參用到的本機端網頁，但是瀏覽器卻會阻擋 JavaScript 程式碼載入像是資料檔這些其他的資源，而此種阻擋的機制端看瀏覽器的 Cross-Origin Resource Sharing（CORS）政策而定。各種不同的瀏覽器在對待此種行為的原則上並不一致，不過最好還是在使用 D3 時儘量可以避開這個問題。

安裝網頁伺服器並不是什麼挑戰：許多網頁伺服器可以利用命令列在不需要什麼特別的設定下就設置起來[1]，而許多的程式語言也有包含可立即執行的網頁伺服器模組。D3 網站中所建議的 *HTTP* 網頁伺服器是 Node.js 的套件。如果你已經有 Node 的執行環境以及 *npm* 套件管理器，可以使用以下的指令來執行網頁伺服器[2]：

1 完整的列表請參考：*https://gist.github.com/willurd/5720255*。

2 如果你遇到權限錯誤，這裡的教學可能對你會有所幫助：*http://bit.ly/2XHjY4K*。以 Debian 為基礎的系統可能還需要安裝 `nodejs-legacy` 套件。

```
npm install -g http-server
http-server ./project -p 8080
```

Python 的網頁伺服器模組是標準版本的一部份，因此不需要額外的安裝，但是它的速度可能會相當慢，主要是提供開發工作之用（-d 參數需要在 Python 3.7 或是之後的版本）：

```
python -m http.server -d ./project 8080  # Python 3
python -m SimpleHTTPServer 8080          # Python 2: current dir
```

busybox 工具集在預設的情況下應該被安裝在所有以 Debian 所衍生的 Linux 版本中。它的內建網頁伺服器好用而且速度快：

```
busybox httpd -h ./project -p 8080
```

在這些例子中（除了 Python 2），伺服器將可以在目前的目錄下提供 *project/* 目錄之檔案伺服服務，而且在 8080 連接埠上監聽網頁服務。這些在伺服器目錄下的檔案將可以透過 *http://localhost:8080* 進行存取。

要把 D3 包含在你的專案中，請從 *https://d3js.org* 下載函式庫的目前版本，解壓縮，然後把函式庫檔案放在你的專案目錄下。有兩個功能相當的版本：完整的版本是人們可閱讀的 *d3.js*，以及最小化的版本 *d3.min.js*，它減少了超過一半的下載大小。

在此是一個最精簡的 HTML 文件，它遵循了目前建議的 HTML5 文件結構以及參考了包括 D3 函式庫和一個叫做 *script.js* 的 JavaScript 檔案（它也同時包含了一個空的 SVG 元素以展示語法）：

```
<!DOCTYPE html>
<html>
<head>
  <meta charset="utf-8">
  <title>Document Title</title>

  <script src="d3.js"></script>
  <script src="script.js"></script>
</head>

<body>
  <svg id="fig1" width="500" height="300" />
</body>
</html>
```

另一種選擇，你可以在你的專案網站中直接參用 D3 或是其他公開的儲存庫：

```
<script src="https://d3js.org/d3.v5.min.js"></script>
```

當頁面被完整載入要開始執行 JavaScript 程式碼時，在你的程式碼中為你 load 事件註冊一個 JavaScript 函式作為事件處理器。前面的建議可以透過在你的 JavaScript 檔案中加入下面這行來完成：

```
window.addEventListener( "load", main )
```

這樣即可在頁面完成載入的時候呼叫這個叫做 `main()` 的 JavaScript 函式（當然，函式的名稱可以自行命名）。你可以重複這一行，使得在頁面載入之後呼叫不同的函式。

工具

SVG 檔案是 XML 檔案格式，因此可以被一些常用來處理 XML 的工具進行編輯操作（包括你喜愛的文字編輯器）。

Inkscape 是用來編輯 SVG 檔案不錯的選擇，不過它比較複雜。還有許多向量繪圖軟體支援 SVG 格式，但是通常不會支援 DOM 層級的操作。

一些命令列工具可以用來把 SVG 轉換成其他的格式，像是 PDF 或 PNG，這些包括 *rsvg-convert* 以及 *svgcairo-py3*。我之前使用 *svgcairo* 得到了最佳的結果（這也是在撰寫本書時建立大部份圖形的方式）[3]。

我發現瀏覽器對於 SVG 的標準支援最為完整，尤其是一些新規格。利用**無標頭模式**（*headless* mode）執行瀏覽器可以充分發揮這項特點。在無標頭模式中，瀏覽器一樣會執行所有的命令（包括所有的 SVG 指示與 JavaScript 程式碼），但是並不會把它們渲染到螢幕上，而是把完整渲染好的頁面儲存成一個「圖檔」，如果你手邊沒有其他工具可以轉換複雜的 SVG 圖檔，這可能是最好的方式。無標頭模式通常可以透過命令列加參數的方式啟用（Firefox 是 `-headless`，Chrome 則是 `--headless`）。若你使用其他瀏覽器，請查閱其相關說明文件。

SVG Crowbar（*https://nytimes.github.io/svgcrowbar*）是一個書籤應用工具，用來協助我們從網頁中擷取以及下載 SVG 文件（只適用 Chrome）[4]。

3 請留意 *svgcairo* 需要 *csstiny* 以及 *cssselect* 去處理樣式表資訊。如果這兩個模組不存在，*svgcairo* 可以繼續作業，但是它會無聲無息地忽略所有樣式表的資訊。

4 感謝 Jane Pong 的推薦。

資源

關於 D3 主要的資訊來源是它的專案網頁：*https://d3js.org*。你可以在此找到非常多的 D3 範例應用、更詳盡的說明文件與關於 D3 開發的資訊。

D3 參考說明文件（*https://github.com/d3/d3/blob/master/API.md*）非常詳盡。請參閱該處的更新資訊以及一些沒有在本書中提到的細節。

書籍

- Scott Murray 所著的《網頁互動式資料視覺化：使用 *D3*》（歐萊禮）對於 D3 的介紹非常詳盡，它的目標是那些較無技術經驗的讀者。
- Elijah Meeks 所著的《*D3.js in Action*》（Manning）也是一本相當受到歡迎的 D3 相關書籍，這本書以進行資料視覺化工作流程的方式來介紹 D3。

網站、範例集、以及藝廊

在以下的網站可以找到範例、建議及關於 D3 的其他資訊：

- *https://github.com/d3/d3/wiki/Gallery*
- *https://observablehq.com/*
- *https://bl.ocks.org/*
- *https://blockbuilder.org/*

附錄 B

SVG 救生包

簡介

Scalable Vector Graphics（SVG）是一個向量圖形格式，用於建立二維的圖形，也支援互動操作與動畫。SVG 檔案是基於 XML 的文字檔案可以被人工編輯和（至少理論上是）搜尋。SVG 產生的是 DOM 樹（不是像 canvas 一樣「平面」的畫布影像）。

SVG 圖形可以是一個獨立的文件（但是比較少見），或是被包含在網頁中。現代的瀏覽器可以處理包含在 HTML 文件中的 `<svg>...</svg>` 元素。SVG 檔案也可以被像其他圖形檔一般被包含在：`<img src="file.svg" />` 中。在這個例子裡，在 SVG 檔案中宣告適當的命名空間是必要的：

```
<svg xmlns="http://www.w3.org/2000/svg"
     xmlns:svg="http://www.w3.org/2000/svg">
```

W3C SVG 工作小組在 1998 年成立，第一個標準（SVG 1.0）在 2001 年釋出。全新的版本（SVG 2）正在進行中，它將會整合到 HTML5 中。一個 SVG 2 的標準草案在 2016 年成為 W3C 候選推薦（Candidate Recommendation）。

概覽

SVG 定義一系列可渲染的**圖形元素**，像是基本的形狀、文字元素、以及直線和曲線。這些元素的外觀可以透過**外觀屬性**加以控制，像是尺寸、位置等。

SVG 定義了一些**結構化的元素**，可被用來組織在一個 SVG 文件中的資訊。使用結構化元素，可以把其他元素組合在一起成為一個複合的單位，進行轉換或重用。

透過 SVG 使得套用轉換進行平移、旋轉、或是延展元素成為可能。**轉換**是指透過 `transform` 屬性針對一個單一元素或一整組元素進行作業。

一般而言，SVG 元素是依照文件的順序進行**渲染**的，在視覺上，文件中前面元素的結果會呈現在後面元素的「下面」。在文件中比較後面的元素會遮擋前面出現的元素。

SVG 使用**圖形座標**，原點是在圖的左上角，垂直軸是**由上而下**計算的。位置和尺寸都是以**使用者的座標**進行測量。圖形的絕對尺寸（以及它所包含的元素）由要執行渲染的裝置來決定。

最後，SVG 文件可以接收**使用者事件**，然後呼叫正確的**事件處理程式**。文件可以回應事件而變更，如此就可以提供一個互動式的圖形使用者介面（GUI）。

形狀

SVG 提供明確的標記用於一組預先定義好的形狀。每個形狀都有一組特定的屬性可以控制它的大小以及位置。所有的形狀均接受常用的外觀屬性去修改該形狀看起來的樣子（參考表 B-1。不包含 `<polyline>` 以及 `<polygon>`，因為傳統的 `<path>` 元素會被使用在這一類的形狀上；請參考下一節）。

表 B-1 SVG 形狀

標記	特定的屬性	說明
`<rect>`	`x, y`	左上角的座標
	`width, height`	寬和高
	`rx, ry`	水平和垂直邊角半徑
`<circle>`	`cx, cy`	中心座標
	`r`	半徑

標記	特定的屬性	說明
<ellipse>	cx, cy	中心座標
	rx, ry	水平和垂直半徑
<line>	x1, y1	座標的開始點
	x2, y2	座標的結束點

路徑

<path> 元素是在 SVG 中最常見的低階繪圖指令。它可以透過命令語言繪製任意形狀，該命令語言使用的是海龜式繪圖的型式。<path> 元素只有一個特定的屬性（當然，除了一些通常都有的外觀屬性之外）：

d

這個 d 屬性值是由以空白間隔的命令以及座標字串所組成（參考表 B-2）。所有的命令是透過一個單一字元來指定。所有的命令都具有兩種型式：大寫字母或小寫字母。大寫字母表示跟隨在後面的座標是**絕對**座標，而小寫字母則表示接下來的座標會被以**相對**座標來解釋。在 <path> 中的座標都沒有單位。也可以使用負值座標。

習慣上都會讓 path 字串內容從一個 M 命令把筆先放到一個明確定義的位置上開始。

指令包括繪製直線、貝茲曲線、以及橢圓弧線。尤其是後者需要一個很大量的參數：參考 SVG 參考文件（*http://www.w3.org/TR/SVG2/paths.html*）可以看到更完整的細節。在實務上，指令字串通常是自動產生的，儘管你也可以明確地去編寫它們。以下是兩個例子：

```
<path d="M40 50 L70 60 L70 40 Z" />
```

```
<path d="M40 100 L70 110 Q80 100 70 90 Z"
     fill="none" stroke="black" />
```

表 B-2 <path> 元素 d 屬性可使用的命令

命令字母	座標	說明
M, m	x y, dx dy	移到（不可見的一不會繪製線條）。
L, l	x y, dx dy	畫一條線到。
V, v	y, dy	垂直線。
H, h	x, dx	水平線。
Z, z		把目前點的座標和第 1 點連接起來成為封閉路徑（這個指令可以用在指令字串的中間，並不一定只能放在最末）。
Q, q	cx cy x y	二次貝茲曲線，從目前的位置到 x, y，cx, cy 為控制點。
T, t	多個控制點	從多個控制點中繪製貝茲曲線。
C, c	cx1 cy1 cx2 cy2 x y	立方貝茲曲線，從目前的位置 x, y，控制點是 cx1, cy1 以及 cx2, cy2。
S, s	multiple points	從多個控制點中繪製立方貝茲曲線。
A, a	rx ry phi arg sweep x y	從目前的位置（弧線的起點）繪製一條橢圓形弧線到 x, y（弧線的終點）。參數 rx、ry 以及 phi 決定橢圓的大小以及它相對於座標系統的旋轉角度。剩餘的參數是二進位旗標，用於調整這個幾何圖形的 4 種可能設定。

文字

使用 <text> 元素可以把文字包含在 SVG 圖形中。<text> 元素可以包含 <tspan> 元素，它允許文字調整其圍繞於文字周圍的樣式和相對位置。<textPath> 元素可以被使用於沿著由 <path> 元素定義的路徑填上文字內容。

text-anchor 是個例外，它只能被套用到 <text> 元素上，在表 B-3 中的屬性值均可被套用到 <text> 以及 <tspan> 元素上。

表 B-3 <text> 以及 <tspan> 元素的屬性

屬性	說明
x, y	絕對位置。
dx, dy	相對於預設文字位置的位置（不是相對於父節點）。
rotate	每一個字型的旋轉角度，以順時針方向計算。
text-anchor	控制相對於原點的文字對齊。有效的值是 start、middle、以及 end（對於程式腳本的講法，這相當於分別是靠左對齊、置中、以及靠右對齊）。

文字元素在使用顏色上的行為就像是其他的圖形元素：每一個字型字體的顏色是由 fill 屬性控制，而 stroke 屬性則是控制圍繞在字型外圍的框線顏色。指定一個不同的 stroke 顏色只有在字體夠大時才有意義，大部份的字型，其實只需要設定 stroke="none"。

<text> 元素並不包含文字換列的機制；多列的文字必須由幾個獨立的 <text> 元素組合而成。

其他的機制包括控制在文字中每個字型的個別渲染，以及去選擇字體和字體特性。在 SVG 說明文件中有很詳盡的說明。

表現屬性

SVG 定義了非常多表現的屬性；表 B-4 列出了其中最常用的。另外還有額外的屬性可以控制如何對待線條的結束以及連接（斜接合）。

最常使用的表現類屬性應該是 stroke 和 fill，它們控制形狀和其他元素之外框線與內部的填滿顏色。因為預設值並不吸引人，所以通常需要很明確地去設定這兩個屬性。有兩個問題經常會造成混淆：

- SVG 沒有 color 屬性，你必須使用 fill 和 stroke。
- 預設的 fill 值是 black；預設的 stroke 是無（這表示如果一個元素設定了 fill="none" 而且沒有更新 stroke 屬性，會讓這個元素變成無法被看見）。

表 B-4 常用的表現屬性

屬性	說明
stroke	元素外框線的顏色，預設值是 none。
stroke-width	元素外框線的寬度，預設值是 1。
stroke-opacity	元素外框線的不透明度，使用介於 0（完全透明）和 1（完全不透明）之間的浮點數。預設值是 1。
stroke-dasharray	控制用來繪製元素外框線的破折線和差距樣式。
fill	元素內部的填滿顏色。預設值是 black。
fill-opacity	元素內部的不透明度，使用介於 0（完全透明）和 1（完全不透明）之間的浮點數。預設值是 1。
font-family	文字元素的字體家族，例如：Times、Times New Roman、Georgia、serif 或 Verdana、Arial、Helvetica、sans-serif 或 Lucida Console、Courier、monospace。[a]

屬性	說明
font-size	文字元素的字型大小。尺寸可以利用使用者座標（不需要明確地設定單位）設定、point、百分比、pixel、或 "ems"。[a]
font-style	文字元素的字型樣式。可以設定的值為 normal、italic、以及 oblique。[a]
font-weight	文字元素的字型粗細。有效的值是 normal、bold、bolder、lighter、100、200、300、400（和 normal 相同）、500、600、700（和 bold 相同）、800、900。[a]
cursor	當滑鼠游標在元素上方時要顯示的游標形狀。有效的值包括 auto（預設值）、default、cross hair、none。進階的預先定義形狀還包括用來指示拖放動作（drag-and-drop）或改變大小（resize）動作的形狀。也可以載入圖形檔案自訂形狀。
opacity	一個元素或一組元素（例如，當套用到 SVG 的 <g> 元素時）的不透明度，使用介於 0（完全透明）和 1（完全不透明）之間的浮點數。預設值是 1。
display	控制元素的顯示。當設成 none，此元素以及其子項目均被從渲染樹中移除。因為不會被渲染，也就看不見；而且它們也將不能接收任何事件。如果套用到 <tspan> 元素上，此元素會被基於文字排版的目的而忽略。display 屬性項並不會由子項目繼承，因此當把它套用到一個容器元素時並不會有效果。
visibility	控制一個元素是否可見。當設為 visible，此元素就會被顯示出來。當設為 hidden 或 collapse，此元素會變成隱藏，但是仍然能夠接收事件以及（如果套用到 <tspan> 元素）將會在文字排版時取得一個空間。visibility 屬性項是可以被繼承的。

[a] 字型相關的屬性是依據 CSS 屬性設計的，請參考 CSS 參考文件找到更進一步的細節。

顏色

顏色是以 CSS3 顏色語法進行設定。這個標準能夠進行非常複雜的顏色格式設定；表 B-5 列舉了一些格式用法（參考 MDN CSS <color>（*http://mzl.la/1Sb9pOX*）取得更多的細節，以及以名稱命名的顏色之完整列表）。

表 B-5 指定顏色的一些不同的方法

屬性	說明
colorname	148 種預先定義的顏色名稱，像是 red（這些名稱只有 140 種不同的顏色，因為其中有 8 種是別名）。用名稱命名的顏色不允許使用透明度。
#RRGGBB	使用 16 進位字串表示 RGB 值，每一個顏色都是一個從 00 到 FF（沒有區分大小寫）的 16 進位數字。
#RRGGBBAA	和前一個相同，但是多了一個用來指定透明值的資訊：00 全透明，FF 不透明。[a]

屬性	說明
rgb(r, g, b)	使用函式呼叫的形式指定 RGB 值。這些引數必須是以 0 到 255（含）或是使用 0% 到 100% 的百分比形式設定。如果打算使用百分比的方式，則百分比符號不可忽略。例如：rgb(255, 0, 0)、rgb(100%, 0%, 0%)。
rgba(r, g, b, a)	和前一個相同，但是多了一個用來指定透明值的資訊。不透明值參數 a 可以是一個 0 到 1 之間的浮點數，或是一個介於 0% 到 100% 之間的百分比[a]。例如：rgba(255, 0, 0, 50%)、rgba(100%, 0%, 0%, 0.5)。
hsl(h, s, l)	一個 HSL（hue, saturation, lightness）值。h 引數應該是一個整數，而且被解釋為一個介於 0 到 360 度之間的角度（0：紅，120：綠，240：藍）。負角度和超過 360 的角度都是可以接受的。s 和 l 引數必須是介於 0% 到 100% 之間的百分比：百分比符號是必須的。顏色的最大亮度是 50% 的 lightness 值；0% 是黑色，100% 則是白色；例如：hsl(0, 100%, 50%)。
hsla(h, s, l, a)	同上，但是包含了一個透明值資訊。不透明值參數 a 可以是一個 0 到 1 之間的浮點數，或是一個介於 0% 到 100% 之間的百分比[a]。例如：hsla(0, 100%, 100%, 0.5)。

[a] 在 alpah 頻道中的 0 通常都是表示一個全透明的顏色。

此外，關鍵字 none 是 stroke 和 fill 的有效值。它代表沒有任何顏色會被套用。

轉換

SVG 元素可以被使用轉換屬性進行平移、旋轉、延展以及推移。

- 和 <g> 元素連接在一起，執行轉換可以把複雜的元素群組移動到最終指定的位置（不需要個別對每一個元素更新它們的位置屬性）。
- 轉換啟用視覺化效果並不會直接被已存在的圖形化元素所支援（例如一個傾斜軸或對角線對齊文字的橢圓形）。

轉換使用 transform 屬性套用到元素上。表 B-6 列出這些元素可以使用的值。轉換屬性可以包含一系列的轉換，它們會被從右到左（數學符號的方式）逐一套用！以下是一些例子：

```
<ellipse cx="0" cy="0" rx="10" ry="20" transform="rotate(30)" />
<text x="0" y="0"
      transform="translate(100,100) rotate(15)">Hello</text>
```

表 B-6 SVG 轉換

操作	說明
translate(dx, dy)	把目前的元素平移到 dx 和 dy。
rotate(phi, x, y)	把目前的元素以逆時針的方向旋轉角度 phi，給一個角度，繞著座標 x、y 旋轉。如果沒有提供座標，則此元素會繞著圖形的原點進行旋轉。
scale(fx, fy)	依據提供的比例參數對目前的元素進行水平和垂直方向的縮放。比例參數需是浮點數。如果 fy 被忽略，則 fx 會被同時使用在兩個方向。
skewX(phi), skewY(phi)	沿著水平或垂直軸套用推移轉換。
matrix(a, b, c, d, e, f)	套用一個一般化的仿射轉換（請參考註解）。

反射可以被表示成使用負值因素進行的縮放轉換：scale(-1, 1) 是一個對於垂直軸的反射轉換，而 scale(1, -1) 則是對於水平軸的反射轉換，scale(-1, -1) 則是對於原點的反射轉換。

在二維平面的一般仿射轉換可以被使用矩陣符號表示如下：

$$\begin{pmatrix} x' \\ y' \end{pmatrix} = \begin{pmatrix} a & c \\ b & d \end{pmatrix} \begin{pmatrix} x \\ y \end{pmatrix} + \begin{pmatrix} e \\ f \end{pmatrix}$$

所有在表 B-6 的轉換均可以用此種方式表示如下：

```
translate(u,v) = matrix(1, 0, 0, 1, u, v)
scale(g,h)     = matrix(g, 0, 0, h, 0, 0)
rotate(q)      = matrix(cos(q), sin(q), -sin(q), cos(q), 0, 0 )
rotate(q,u,v)  = translate(u,v) rotate(q) translate(-u,-v)
skewX(q)       = matrix(1, 0, tan(q), 1, 0, 0)
skewY(q)       = matrix(1, tan(q), 0, 1, 0, 0)
```

SVG 轉換的原點（對於旋轉和縮放操作很重要）是 SVG 本身的原點；預設值是在左上角的位置。然後，當轉換屬性被使用在 <svg> 元素的最外層時，它被視為一個 CSS（不是 SVG）的轉換，因此它會以元素的中心點作為原點。更多關於原點的重要性以及在使用 SVG 轉換時的實務建議，請參考第「SVG Transformations」補充說明。

結構元素以及文件組織

SVG 定義了許多不會繪製外形的元素，其用途在於組織文件中的其他元素（參考表 B-7）。

這其中最重要的是 <g>（group）元素。<g> 是一個容器元素，它主要的目的是作為它的子項目的共同父節點。它結合它的子項目成為一個複合的元素，之後就可以被視為同一個單位（<g> 元素的功能因此也可以對比到許多繪圖程式中的「群組 / 取消群組」功能）。設置 <g> 元素的表現屬性可以被繼承到它的子代。套用到 <g> 元素的轉換也會套用到它的所有子項目。這使得把一整組圖形元素視為一個單位（不需要逐一去更新個別元素的位置屬性）進行移動成為可能。當被旋轉時，<g> 元素的內容被嚴格地根據共同的中心點進行旋轉。

表 B-7 SVG 結構元素

元素	說明
<svg>	<svg> 元素是一個容器，它區分出一個 SVG 文件或是文件的片段。一個由 <svg> 所組織的文件片段可以被直接包含在 HTML5 的文件中。
<g>	把一些元素劃分成一個複合元素的群組，它即可被視為同一個單位進行轉換或重用。任何定義在 <g> 之上的表現屬性均會被它的子項目所繼承。
<defs>	<defs> 元素是一個容器元素，它可以被使用於在文件中收集樣式的定義或是可重用元件。它被建議使用，但非必要。
<use>	<use> 元素參考另一個元素，然後在 <use> 元素的地方渲染這個元素的一個複本。被參考到的元素可以是一個容器元素，這樣的話，整個內容都會被複製。

以下的程式片段展現表 B-7 中的一些元素如何在 SVG 文件中合併使用：

```
<defs>
  <g id="doublecircle">
    <circle cx="0" cy="0" r="3" fill="red" />
    <circle cx="0" cy="0" r="5" fill="none" stroke="red" />
  </g>
</defs>
<use x="10" y="20" href="#doublecircle" />
```

座標、縮放、以及渲染

預設的情況，SVG 圖形的原點是放在左上角，水平軸從左到右計算，垂直軸則是從上到下計算。SVG 的長度是以沒有單位的單純數字來設定；一個單位被當作是一個像素點。其他 CSS 支援的長度單位（`em`、`ex`、`px`、`pt`、`cm`、`mm`、以及 `in`）也都能使用（但是比較少用）。目前的 CSS 和 SVG 標準把像素密度固定在 96 dpi，也就定義了每一個像素的實際長度。

SVG 圖形原則上是無限大的。被設定在 `<svg>` 標記上的 `width` 和 `height` 屬性並沒有定義圖形的大小，它只是定義了 *viewport* 的大小。viewport 是一個打算讓部份或全部的 SVG 顯示出來的設定區域：基本上，就是在 SVG 上的一個「視窗」。

預設的情況下，viewport 會直接顯示在它下面的部份 SVG 圖形，圖形的原點也是在 viewport 的左上角，同時長度單位也是相同的。要選擇顯示在 viewport 中的整個 SVG 影像的一部份，`<svg>` 元素上的 `viewBox` 屬性必須被明顯地設定。使用 `viewBox` 屬性，整個圖形的矩形區域可以被指定，它將會被縮放到符合 viewport 的大小（這也是重新縮放 SVG 圖形的正確方式）。此種對應的細節（從 `viewBox` 所指定的區域到 viewport 的可視範圍）是由 `preserveAspoectRatio` 屬性所控制，它不只可以控制外觀的比率，也可以設定被選擇的區域和 viewport 的對齊方式。

SVG 和 CSS

SVG 元素可以被使用 CSS 機制和語法設置樣式。所有的表現屬性（參考表 B-4）可以透過樣式來進行設定。

樣式的指示子可以被包含在一個 SVG 文件中，也就是在 `<defs>` 段落中使用 `<style>...</style>` 標記。

```
<svg>
  <defs>
    <style>
      circle { fill: blue }
      .strong { fill: red }
    </style>
  </defs>

  <circle cx="100" cy="100" r="5" />
  <rect class="strong" x="200" y="200" width="50" height="20" />
</svg>
```

也可以連結到外部的樣式表，例如，在 HTML 頁面中的 `<head>...</head>` 段落之間包含一個連結如下：

```
<link href="styles.css" rel="stylesheet">
```

最後，行內的樣式指示方式也是可行的，但是比較不常用：

```
`<circle style="fill: green" />`
```

資源

在 Mozilla Development Network（MDN）上的教學內容更加詳盡，但是建議從這裡開始可以快點進入情況：MDN SVG Tutorial（*https://developer.mozilla.org/en-US/docs/Web/SVG/Tutorial*）。在 MDN 中，你也可以找到：

元素的參考資訊：MDN SVG Element Reference（*https://mzl.la/2GDu94B*）

屬性的參考資訊：MDN SVG Attribute Reference（*https://mzl.la/2UVTD62*）

SVG 2 標準草案（*https://svgwg.org/svg2-draft/*）本身就具有相當的可讀性，當然也是重要的資訊來源。

附錄 C

旅行者的 JavaScript 和 DOM 導覽

JavaScript

如果你有用過其他程式語言，如 C、C++、C#、以及 Java 家族的經驗，那麼你應該可以很快上手 JavaScript 語法。如果你之前曾經使用過動態型別語言（像是 Perl、Python 或是 Ruby），那麼大部份的 JavaScript 的語意，你也不會感到陌生。

話雖如此，JavaScript 還是有許多令人驚訝的地方。以下是一個令人驚艷的功能列表一這些 JavaScript 的特色是你在實務工作時應該會遇到的（尤其是和 D3 一起運用的時候），它們在你僅僅只是閱讀程式碼或是參考文件時並不會覺得那麼明顯（本節不會完整介紹 JavaScript，不過在結尾時會提供一些學習資源）。

寄宿的語言。JavaScript 原本設計時就是為了在寄宿的環境中執行，特別是在瀏覽器中。這表示，許多作業系統中提供的服務是無法使用的；尤其是，檔案系統是無法存取的（標準輸出頻道也不行）。不過，可以接觸到網路。然而 *Node.js* 專案的目的是提供一個獨立的 JavaScript 執行環境，讓它可以在寄宿外的環境中執行（相對於瀏覽器來說，就是「在伺服器上」）。

宿主環境提供了許多的服務。在實務上特別重要的是全域的 `console` 物件，它讓程式設計師可以存取**開發者主控台**（各家瀏覽器開啟主控台的方式並不一樣，但通常是在頁面上按下滑鼠右鍵，然後選擇「Inspect」）。使用 `console.log()`，可以把資料結構以及其他資訊寫到螢幕上，但是 `console` 物件提供更進一步的功能，像是格式化輸出，以及可以用於簡單剖析工作的計時器。

所有在網頁瀏覽器中執行的程式碼會無聲息地建立一個 DOM `Window` 實例。它可以透過全域的 `window` 變數進行存取。

分號插入。JavaScript 會嘗試在一列敘述的最後面加上一個分號。然而，精準的規則讓這個功能更複雜[1]。通常我們會建議不要倚賴分號插入的功能，而是自己在正確的地方主動地加入這些分號。

基本資料型態。字串可以被以單引號或雙引號所包含；兩種型式的引號必須完全對稱。兩個不同的引號樣式可以互相包圍：`"That's good"` 或 `'Say "Go"'`。通用的脫逸字元是可以使用的，單引號或雙引號字串均可。沒有一個單獨字元的型態。「`+`」會把兩個字串串接在一起。

有兩種不同的型態用來指示「void」或是「null」：`null` 以及 `undefined`。在這兩者之中，`undefined` 只被使用於表示忘了初始化的部份（在變數宣告中，對於不存在的函式引數以及物件特性，以及作為從一個函式的傳回值卻沒有明確地 `return` 敘述）。`null` 值通常被使用在表示缺少一個合法的值（以及在其他語言中像是 `void`、`null`、`nil`、`None`、以及 `undef` 的情況）。

JavaScript 數字是標準的 IEEE 754 倍精度浮點數（包含對於特殊值 `NaN` 的支援），跟其他現代程式語言相同。

布林表示式。以下的表示式（而且只有這些！）是在 Boolean 語句中被認為是 `false` 的（它們都是「假」的）：

```
0, "", false, null, undefined, NaN
```

所有其他的值，包含空陣列以及空的物件，都被當作是 `true`（也就是「真」的）。

1 這些規則的總結可以在 David Herman 所著的《*Effective JavaScript*》（Addison-Wesley Professional）中的第 6 項中找到。

Boolean 運算子使用 short-circuit。整個布林表示式的傳回值是最後被計算的表示式。

型態轉換。就像許多其他的程式語言，JavaScript 會在混合的敘述式中進行型態的轉換。不幸的是，JavaScript 隱含的轉換規則異常地複雜、不一致、以及痛苦。尤其是，「+」運算子的行為和其他二元運算子不同，而且最終的結果要看引數的順序而定。

二元運算子 -、*、/、以及 % 首先把兩邊的引數都轉換成數字，就算它們都是字串也是如此。相比之下，如果兩邊至少有一個是字串，「+」運算子才會把兩邊引數都轉換成字串。此外，如果有超過一個以上的「+」運算子，這個敘述式會被從左到右進行計算，因此引數的順序就有關係。最後，當被使用作為單元（字首）運算字，包括「+」以及「-」都會把以下的字串轉換成數字。以下是一些例子：

```
"1" - "2"       // evaluates to -1 (number)
1 + "-2"        // evaluates to "1-2" (string)
1 + +"-2"       // evaluates to -1 (number)

1 + 2 + "3"     // evaluates to "33" (string)
1 + "2" + 3     // evaluates to "123" (string)
1 + 2 + +"3"    // evaluates to 6 (number)
1 + 2 + -"3"    // evaluates to 0 (number)
```

在布林運算式中數值 1 會被視作 `true`，而數值是 0 會被視為 `false`。例外是 `undefined`，它會被轉換成 `NaN`。

也請參考「在字串和數字之間安全地轉換」補充說明。

相等比較。有兩個運算子用來測試相等或不相等：

- 一般的比較是使用 `==` 以及 `!=`，而且會在比較之前先對引數套用轉換規則（請參考之前的項目）。
- 使用 `===` 以及 `!==` 進行嚴格比較，它們只有在兩邊的引數具有相同的型態以及相同的值才會視為相等。

建議是只使用嚴格的比較 `===` 以及 `!==`。

變數宣告以及範圍。沒有任何修飾字的變數在宣告之後自動成為全域變數。

var 關鍵字被使用於把變數的範圍限制在包含的函式中。很重要的一點是瞭解 JavaScript 的範圍是由包含它的函式來定義而不是包含它的區塊。在以下的程式碼中，y 和 z 在整個函式中都是可見的，變數 z 的宣告是被掛在函式的最上方。不過，z 只會在條件區塊中進行初始化。

```
function f(x) {
    var y = ...;
    if( ... ) {
        var z = ...;
    }
}
```

初始化是宣告敘述的選用部份。兩種型式的宣告以及初始化很常被使用在多個變數的使用上：

```
var a = 1,
    b = 2;
```

（也可以把它寫成一行：`var a = 1, b = 2;`）或：

```
var a = 1;
var b = 2;
```

在同一個函式中（也就是，相同的範圍）宣告多次同名的變數是合法的。然而，在後面敘述中的 var 關鍵字會被忽略：沒有新的變數會被宣告，只是把新的值設定到原本就存在的變數中。

最近添加到 JavaScript 程式語言引入了新增的關鍵字 let（宣告一個區塊層級的變數）以及 const（宣告一個常數值）。

函式。有兩個方式可以定義函式：

- 透過函式宣告：

  ```
  function f(x) { ... }
  ```

- 透過函式表示式：

  ```
  var f = function(x) { ... };
  ```

函式表示式並不一定需要被指定到一個變數。它們可以被以匿名函式的方式來使用（例如，定義成回呼函式（callback））。甚至當定義作為一個匿名函數時，它還是可以給予這個表示式一個名字。這個名字只有在函式內文中才是可見的—這樣的方式在定義遞迴的匿名函式是非常有用：

```
promise.then( function f(x) { ...;
                              f(x);          // recursive call
                              ...; } );
```

函式是物件。因此可以把屬性值加到一個函式中[2]：

```
function f(x) {
    f.author = "Joe Doe";
    ...;
}
```

所有函式的引數都是可選用的。當函式被呼叫時如果沒有提供引數，它的值就是 undefined。在函數內部，所有提供的引數也都是放在一個唯讀陣列型態的資料結構引數 arguments 中。你可以使用 arguments.length 取得可用的引數個數，然後透過索引存取每一個引數，像是 arguments[0]。

return 關鍵字是用來從一個函式回傳值所必須的，如果函式沒有明確的 return 敘述（或是只有一個空的 return），則會傳回 undefined。

JavaScript 支援閉包（closure）。

this 變數。每一個函式內都自動地會有一個變數 this 可以使用。如果函式被作為一個方法來呼叫（也就是把它當作是一些物件的成員函式），則 this 會指向那個物件（就是那個方法呼叫的**接收者**）。如果函式被以非成員函式的方式呼叫，則 this 會指向**總體物件**（*global object*）。

變數 this 被定義在每一個函式的範圍中。巢狀的函式定義會重置（或 clobber）this 變數。當定義一個回呼函式或是在成員函式的內部中的其他巢狀函式會是一個問題：

```
var obj = {
  a: "Hello!",

  f: function() {
    console.log(this.a);                           // Hello!
    console.log(function() { return this.a; }());  // undefined

    var that = this;
    console.log(function() { return that.a; }()); } // Hello!
};
```

---

2 此功能經常被 D3 所使用，尤其是產生器（generator）、元件（ component）及排版（layout）（請參考第 5 章）在 StackExchange 的一些討論有豐富的資訊可參考：*http://bit.ly/2UC9guz*。

在第二個 console.log() 呼叫中定義了一個匿名函式而且立即執行（請留意後面的小括號！），這個函式的傳回值要被顯示到 console 中。因為這個匿名函式定義了它自己的範圍，this 就被重新指定，不再參考到封閉的物件（特別是，this 現在指向全域物件，它沒有成員 a，因此函式會傳回 undefined）。這通常可以透過把 this 變數的內容儲存到另外一個變數來補救，例如這裡的 that，在外部的範圍，如同在上面程式碼片段中最後面的那 2 列所示的樣子。

JavaScript 提供許多功能用於「合成」函式呼叫。這些功能接受一個額外的參數可以被使用到填充 this 變數。請參考 call()、apply()、以及 bind() 的參考說明文件。

Arrow 函式。Arrow 函式（或是「fat arrow 符號」）是最近被加到 JavaScript 的（在 2015 年所釋出的 ES6 首度出現）。它們簡化了簡短匿名函式的定義，以下摘要了這個語法中最重要的部份：

- 把參數放在小括號中，然後函式的主體放在大括號裡面：

```
(a, b, c) => { statements }
```

- 如果只有一個參數，那就不一定需要小括號：

```
a => { statements }
```

- 如果沒有參數，請使用一個空的小括號：

```
()  => { statements }
```

- 如果函式的主體是只有一條敘述，則大括號和分號都是可選用的，而且計算之後的值將會成為此函式的傳回值：

```
(a, b, c) => expression;
```

Arrow 函式並沒有 this 或是 arguments 變數：取而代之的，this 和 arguments 的值會被保留自封閉的範圍。因此，arrow 函式不能被使用在你需要 this 的情況；如果你需要 this，就需要使用 function 關鍵字去定義函式或 callback。

Collection 資料型態。傳統上，JavaScript 沒有真正的 collection 型態：沒有陣列也沒有字典（雜湊對應）。事實上，Array 資料型態是一個物件，它的 key 被限制為（以字串型式表示的）只能是整數。此外，Array 資料型態支持一些典型的陣列操作之方法（像是 push()、pop()、splice()、sort() 等等）。陣列中元素的個數可以利用成員變數 length 取得（不是函式）。

把 `Array` 實作為限制 key 的物件，在刪除一個元素（作為在 `delete a[1]`）時有一個奇特的作用是**不會**因此而減少 collection 的總長度；取而代之的，它產生了一個「洞」：一個沒有 key 的 undefined 項目。這個洞的處理在不同的 JavaScript 功能中是不一致的[3]。要從一個陣列移除一個元素而不至於留下「洞」的正確方式是使用 `splice()` 函式（`delete` 運算子是設計用於從物件中移除元素的）。

對於陣列的負索引並不是從陣列的後面算回來（在 Perl、Python、Ruby 等等是使用此種方式），此負索引會被當作是字串。指定一個負值索引 `a[-1] = 3`；結果是額外新增一個名稱是 `"-1"` 的**屬性**到陣列物件中。要從陣列後面算回來，需使用 `slice()` 以及 `splice()` 函式（分別用於讀取和寫入）。

JavaScript 並沒有一個正確的字典（或雜湊對應）型態，而是使用物件來執行這樣的功能。主要的問題是物件自動會包含許多內建繼承下來的函式以及成員，此外 key 也是被明確地指定。如果你無意中使用了已經存在的屬性值，有可能會導致一些問題。

JavaScript 最近的版本包含了一個正確的 `Map` 資料型態。D3 也包含了許多 collection 和 container 資料型態，以及一些額外的工具函式可以操作陣列。

物件。比較好的用於建立一個物件（實例）的方式是透過**物件表達方式**：

```
var obj = { a: 1,
            b: [ 1, 2, 3 ],
            c: function(x) { return x*x }
          };
```

請留意物件表達式的特殊語法（在 key 和值之間的是冒號，在不同項目之間的是逗號）。如果沒有加上逗號（或是在逗號的地方放的是冒號）會導致含糊的剖析錯誤。

物件成員可以透過點號（句點）或是中括號加以存取。兩種型式是相同的，除了這個點號的表示方式它要求 key 必須是合法的 JavaScript 識別字之外（連續的文數字元，包括底線 `_` 和錢號 `$`，但是不能以數字開頭），而中括號表示法則允許任意字串：

```
obj.a += 2;          OR        obj["a"] += 2;
obj.f(3);            OR        obj["f"](3);
```

3 請參閱 Alex Rauschmayer 所著之《*Speaking JavaScript*｜簡明完整的 *JS* 精要指南》（歐萊禮）一書的摘要說明。

JavaScript 物件以及型態並不是「封閉」的：它們的成員以及介面可以被動態地改變。因此可以找到一個標準型態（例如 `Array`）的物件具有其他成員[4]。

JavaScript 物件、型態、以及繼承模型不像是任何目前在其他程式語言中實作的。然而，D3 API 有效地封裝了大部份基礎的生命週期以及層次結構管理，使其相對安全以及容易去忽略這個不習慣的面向。

數學函式。常用的數學函式可以使用全域 `Math` 物件的成員來進行存取：

```
Math.PI;
Math.sin(0.1);
```

不可用的特色。許多來自於其他程式語言熟悉的功能並沒有內建在 JavaScript 或是它的標準函式庫中。這樣的情況使其產生了許多第三方套件以及程式框架。只使用 JavaScript 而沒有使用任何其他這一類的函式庫或是框架，被稱為是 *Vanilla JavaScript*（或是，打趣地說，「VanillaJS 框架」）。

在封裝以及模組化方面，JavaScript 幾乎沒有提供任何機制。closures，此種立即呼叫函式表示法（Immediately Invoked Function Expression, IIFE）的型式，有時候會被使用於建立區域範圍。

JavaScript 不支援線程（thread）。取而代之的，事件被放置到隊列中，然後依序地被加以處理。為了不要阻斷面對使用者的功能，把長時間作業的工作（尤其是 I/O）以非同步的方式加以處理是非常重要的（透過 callback 以及 promise—請參考「JavaScript Promises」補充說明）。

JavaScript 並沒有像是 `printf()` 以及類似的功能可以產生格式化輸出功能的函式。D3 包含另外一個選擇可以用在數字和日期時間值（請分別參閱第 6 章和第 10 章）

在字串和數字之間安全地轉換

字串和數字間的轉換是任何程式中常見的工作，尤其是當從檔案中讀取的資料想讓它可以拿來運算的時候。JavaScript 提供一些令人混淆的方法陣列，它們都有一些不同的取捨。

---

4 這個特色被使用在 D3，特別是去裝飾回傳自具有其他成員的 layout 陣列；參閱第 5 章和第 9 章。

字串轉數字：

`Number(str)`

如果字串 str，在移除前面和後面的空白字元後，正好可以表示一個數字，那麼 Number(str) 會傳回一個它所表示的數字資料。如果遇到任一字元無法轉換時，就會傳回 NaN。可以轉換的包括 "123"、" 123 "、"1.0"、以及 "1.e3"。不能轉換的像是 "123a" 以及 "1-2"。空字串或是一個由全空白的字元所組成的字串，以及 null 都會被轉換成 0。布林值的 true 和 false 分別被轉換成 1 和 0。

`parseFloat(str)`

這是一個全域函式，不是一個物件的成員函式。在移除前面的空白字元之後，它把字串轉換成一個相等的數值，一直到遇到任一個不能轉換的字元為止，然後就會傳回到目前為止轉換的內容。如果沒有任何轉換發生，則會傳回 NaN。也就是，"123a" 會轉換成 123。布林值、空字串、以及 null 都會被轉換成 NaN。

`+str`

單元前置運算子「+」有和 Number() 函式相同的行為。在數學表示式中，它比任何其他的運算子都還要早計算：3 * +"2" 會計算出 6。另外單元前置運算子「-」和單元前置運算子「+」一樣，但是它還改變了傳回數值結果的符號。

留意 Number() 面對特殊值（例如空字串、null、以及布林值）是較為寬容的，而 parseFloat() 則是在對待後面的不可轉換字元較為寬容。所有這三個方法都會把 undefined 轉換為 NaN。

數字轉成字串：

`String(num)`

傳回引數的字串表示法。留意它沒辦法設定字串的格式—例如，它無法限制小數點之後的位數。如果值是 null、true 以及 false，它們會被分別轉換成 "null"、"true" 以及 "false"。

`"" + num` 或 `'' + num`

相當於 String(num) 的簡寫。

`num.toString()`

如果 num 是一個變數，而它的值不是 null 也不是 undefined，那麼 toString() 成員函式將會傳回一個這個值的字串表示方式。嘗試在一個數字面值上呼叫 toString()（例如 1.toString()）將會產生一個語法錯誤，而如果試著在 null 或 undefined 上呼叫 toString 則會產生一個執行期的錯誤。一個 NaN 的接收者值是允許的，它會變成 "NaN"。

JavaScript 並不包含格式化輸出的值（和來自於其他程式語言的 printf() 函式家族比較），但是 D3 提供了可以替代的功能（請參閱第 6 章）。

兩個關於其他可用機制的警示，到目前為止還沒有提到：

- 不要把 Number() 或 String() 函式和 new 關鍵字一起使用。如果你這麼做，將不會建立原始的型態（數字或字串），而是一個具有不同行為的包裝物件。
- parseInt(str, radix) 函式使用指定的 radix（必須介於 2 到 36 之間），把字串轉換成以 radix 為底的整數。當遇到無法轉換的字元時此函數就會停止，因此如果字串是以指數符號給定，則可能會產生不正確的結果（因為指數表示法中的那個 e 字元）。

最後，關於把物件轉換成原始型態（字串或數字）的一些建議如下：

- valueOf() 方法是從所有的物件繼承而來的，它把接收到的物件轉換成原始的值。如果物件表示的是數字，則 valueOf() 傳回一個相對應值的數值型態；否則，它會傳回物件本身（使用一個在算術表示式中的值將會產生一個這個表示式的 NaN 值），valueOf() 函式通常並不會藉由程式碼明確地呼叫。
- toString() 方法是可以用在所有的物件上；它被呼叫（通常是隱含的）以取得一個物件的字串表示法。然而，它的預設實作並不會傳回一個描述性的字串以唯一地識別出這個物件，但是取而代之的，傳回一個一般性的常數（然而這是不可能直接使用這個物件作為在雜湊表中的 key）。
- 取得一個任意物件的格式化字串表示法是去使用 JSON.stringify()。

DOM

原本，網頁就是一個在其中使用了 HTML 標記的檔案：瀏覽器會下載這樣的檔案，然後把它的內容渲染到瀏覽器的頁面。此種傳統的觀點已經不再正確了，更正確地以及更有幫助瞭解的觀點是把文件看作是一個動態的**資料結構**，它被瀏覽器維護及更新。實際上一份初始的版本已經被下載，但是成為放在記憶體中的資料結構，它可以在任何時間被更改；而它的目前狀態會被不斷地渲染到瀏覽器上。而這就是藉由瀏覽器所視覺化的展現被使用者看到以及操作的樣子。

Document Object Model（DOM）是一個標準化的物件導向 API，呈現這個資料結構讓程式設計人員去查詢以及操作。DOM 把文件（像是網頁或是 XML 文件）的元素作為在樹（*DOM* 樹）中的一個 *node*。原則上，DOM 規格是不依附任何語言的，但是我們只考慮它的 JavaScript 實作部份。因為 JavaScript 是在瀏覽器中執行的，它是一個在客戶端動態地操作文件的技術。

傳統的 DOM API 是出了名的冗長與笨拙。為了解決難用的問題，於是有各式各樣的函式庫（像是 jQuery）問世，而且加入了更多功能。D3 也複製了許多 DOM 的功能（圖形功能除外）。事實上，D3 相當有效率地包裝了 DOM，不過如果要知道 D3 可以做什麼，對 DOM 多一些了解是有幫助的。

Classes

你將會遇到的一些最重要的類別或介面包括：

`EventTarget`
: 任何東西都可以接收事件（技術上，任何東西都可以透過 `addEventListener()` 成員函式附加上 `EventListener`）。幾乎在 DOM 中的任何東西都實作了 `EventTarget`。

`Window`（實作 `EventTarget`）
: 瀏覽器視窗的抽象層、它的尺寸、以及 GUI 元素（例如 title、menu、以及 scroll bar）。

`Node`（實作 `EventTarget`）
: 對於在 DOM 樹中任何東西的一個**通用**抽象層。例如，`Document`、`Text`、以及 `Comment` 全部實作 `Node`，但是 `Element` 則沒有實作。甚至屬性（attribute）也可以被以 `Node` 表示。

`Element`（實作 `Node`）

是實際的頁面元素。更多的特定子類別（例如 `HTMLElement` 或 `SVGElement`）為指定的文件型態而存在，每一個都有許多特定的子型態以表示該文件的特定頁面元素。

`Document`（實作 `Node`）

整個頁面或是被載入到瀏覽器中的文件抽象層；換句話說，一個 `Document` 提供一個在整個 DOM 樹的處理點（handle）。瀏覽器自動地建立一個全域的變數 `document` 用來代表目前的頁面。

請留意許多共通被使用的 API 元素被實作為**特性值**（*property*）而不是**方法**（*method*）。

DOM Events

DOM API 中一個重要的部份是支援事件。事件可以是使用者事件（user event，例如 mouse 或 keyboard 作用）、resource event（當一個資源已經被完成載入）、network event、以及更多。

一個應用程式可以透過 *event listener*（或 handler）用於反應事件。一個 event listener 是被附加到一個頁面元素（技術上，附加到一個 `EventTarget` 實例），為那個元素接收事件，以及呼叫正確的回呼（callback）。基本上有兩個方式去為一個頁面元素註冊一個事件處理器：

- 使用 `EventTarget.addEventListener( type, callback, options )`。對相同的目標物件重複地使用這個方法，有可能會附加上一個事件型態到一個元素上超過一個 listener；有一個相對應的函式允許你在執行時期移除 listener。這是把 listener 附加上元素的建議方法。
- 行內方式，使用像是 `<p onclick="handler()">` 的語法（其中 `handler()` 是 JavaScript 函式）。這個方法並不建議，主要是因為它混合了 markup 和 code，但也是因為它每一個事件型態和元素只允許加入一個處理器。

傳統上，還有第 3 種方法可以直接把 listener 作為 property 加到 page 元素；這種方式現在已經過時了。D3 提供自己的方式加入事件 listener 到 D3 `Selection`，就是透過 `on()` 方法函式。

當使用 `addEventListener()`，在此方法被呼叫時，會在一個元素上註冊處理器。`type` 引數是一個用來指定哪種類型的事件是這個處理器需要負責回應的字串。定義的事件數量相當大[5]。callback 是一個被傳遞到目前 `Event` 實例的函式，作為一個單一引數，而且必須沒有回傳值。在 callback 裡面，指向的元素就是 listener 被加到的那個。`options` 引數是可選用的；通常使用預設值即可。

事件傳遞（Even Propagation）

如果在找尋事件處理有關的 DOM 參考文件，你可能會發現自己被使用一堆不熟悉、也不是那麼具意義的名詞所說明的一些不常見的功能搞得不知所措。它們大部份是和**事件傳遞**相關的，而它們在 API 中最明顯的情況是反應了關於最佳化設計歷史上之不確定性。今天的 DOM 事件處理功能是反覆誕生程序之後的產品，而最終的 API 包含了許多競爭設計概念的軌跡（以及它們的觀點、和一些衝突的術語）。因為它們應該很難在同一個地方中找到所有的資訊，因此在底下做了些摘要。

想像兩個頁面元素彼此巢狀包覆（例如表格中的表格），它們都有一個針對相同事件型態的 event listener 附加在它上面（例如它們都監聽 `click` 事件）。如果使用者在表格的儲存格上按下滑鼠按鈕，那麼事件處理器會以什麼樣的**順序**被呼叫：先外而內，或反之？答案由 event listener 註冊的方式來決定。事件首先從最外面的事件傳遞到最裡面的事件目標（這也是所謂的**補捉**階段），然後再往外跑到最上層的文件（這也就是所謂的**氣泡**階段）。經由提供給 `addEventListener()` 的功能參數，你可以選擇被結合的回呼函式何時應該被呼叫。預設的情況是，事件處理器會在**氣泡**階段被呼叫，也就是說，是從內而外（有些結合了特定元素的事件型態，並不會進行傳遞[6]。）

此種方式的事件傳遞很方便，因為它使得註冊單一 event listener 在一個共同的**父節點**上變得可能，而不需要在每一個元素上單獨註冊（這就是所謂的**事件委派**）。事件的傳遞可以藉由在 `Event` 實例上傳遞到 event listener 回呼函式的 `stopPropagation()` 或是 `stopImmediatePropagation()` 方法避免：`stopPropagation()` 將會避免來自於被呼叫的任何父處理程式（但是其他註冊在目前事件目標的處理程式將會被執行），而 `stopImmediatePropagation()` 將會避免任何來自於被呼叫的進一步處理程式（在父節點或目前物件上的，你也可以找到 `cancelBubble` 屬性的參考，但是它已經過時了）。

5 如果你打算檢視完整的事件列表，請參考 MDN Event Reference（*https://mzl.la/2vjreHZ*）

6 請參閱 *https://en.wikipedia.org/wiki/DOM_events*。

被傳遞到 event listener 回呼函式的 `Event` 物件實例，承載了關於元素接收和處理事件的資訊。`eventTarget` 屬性指向被委派事件的元素（也就是最裡層的元素），而目前的 `Target` 則指向目前事件處理器被註冊的元素（`relatedTarget` 屬性是和一些包含超過一個以上的元素之滑鼠事件最相關的，例如 dragging）。

防止**預設的行為**是一個單獨卻相關的概念。瀏覽器在「預設」的情況下，當發生事件的時候可能會採取一些行動（例如當連結被按下時會前往該連結，或是當「列印」選單項目被點選的時候會開啟列印的對話盒）。如果該事件是可以**被取消的**，那麼在其中呼叫 `preventDefault()` 將會防止瀏覽器對於結合到該事件上的一些預設的行為：該事件已經**被取消了**。並不是所有的事件（或事件型態）都是可以被取消的；可以透過事件物件上的 `cancelable` 屬性來檢查該事件是否可被取消。對不能取消的事件呼叫 `preventDefault()` 並不會產生任何效果。

最後，把 event listener 標記為「passive」以允許一個在處理捲動時的一些最佳化（這是一個新的特殊功能）。

把瀏覽器作為開發環境

現代的瀏覽器都會包含內建的開發工具。使用方式因瀏覽器而異；但通常都可以在頁面上按下滑鼠右鍵然後選擇「Inspect」或是「Inspect Element」進入。它將會開啟一個控制面板，上面會有許多不同的頁籤，提供一些不同的工具可以操作（你可以預期看到 debugger、profiler、network、memory、storage monitor 等等）。以下這三者是最基本的：

主控台（*console*）

　　主控台是一個訊息區域用來讓 JavaScript 在執行期間放置錯誤訊息的地方。程式可以透過 `console` 物件把訊息寫到主控台。主控台本身相當地聰明：例如，它可以抑制相同的日誌列或是收合複雜的資料結構。主控台輸出可以被使用滑鼠來查詢（例如開展或收合資料結構）。

命令列（*command line*）

　　主控台視窗提供一個互動式的提示可以用來輸入或計算 JavaScript 程式碼；輸出會被導向主控台。所有頁面中元素都可以被以資料結構的方式呈現，並可以被觀察以及操作。

元素觀察器（*element inspector*）

元素或頁面觀察器展現目前版本的 DOM 樹，以階層式的標記以及屬性的集合呈現。當試著在頁面結構中追蹤問題點時，這是非常寶貴的功能。

資源

- Mozilla Development Network（MDN（*https://developer.mozilla.org*））這個網站提供豐富的網頁技術相關的資源，由於內容來自四面八方，內容品質可能參差不齊。
- 在 *http://www.w3schools.com* 中的資訊經常在搜尋結果中名列前茅，它比較沒那麼詳細以及即時。
- Jennifer Niederst Robbins 所著的《*Learning Web Design*》（歐萊禮）在 HTML 以及 CSS 方面特別紮實，對於 JavaScripts 以及 DOM 也有著墨。

JavaScript

- 在 MDN 上的 Re-introduction to JavaScript（*https://mzl.la/2UYN42Z*）是一份相當不錯的 JavaScript 介紹文件，適合已經具備一些其他程式語言經驗的讀者。
- 在許多 JavaScript 的書籍中，我發現 Axel Rauschmayer 所寫的《*Speaking JavaScript* | 簡明完整的 *JS* 精要指南》（歐萊禮），特別適合於從其他程式語言來到 JavaScript 的讀者，因為這本書可以幫助讀者快速了解 JavaScript 的特色。
- MDN 上有兩份文件：The JavaScript Guide（*https://mzl.la/2GC75Cq*）與 JavaScript Reference（*https://mzl.la/2IVFu1B*），也很有參考價值。

索引

※提醒您：由於翻譯書排版的關係，部份索引名詞的對應頁碼會和實際頁碼有一頁之差。

符號

A

B

C

D

E

F

G

H

I

O

P

R

S

T

U

V

W

X

Y

關於作者

Philipp K. Janert 出生以及成長於德國。在 1997 年取得華盛頓大學的理論物理學博士學位。他一直是技術工業領域中的程式設計師、科學家、以及應用數學家。曾著有《*Data Analysis with Open Source Tools*》（歐萊禮）、《*Feedback Control for Computer Systems*》（歐萊禮）、以及《*Gnuplot in Action*》（Manning）。

出版記事

本書封面的動物是紫冠仙蜂鳥（*Heliothryx barroti*），這是一種棲息在樹梢頂上的鳥類，沿著潮濕低地森林的邊緣，生存範圍從瓜地馬拉南部到秘魯最北部的海邊。

紫冠仙蜂鳥上方有金屬綠色的羽毛，下方則是亮白色，以及長長的深色翅膀和尾巴；眼睛周圍有一條黑色的條紋。雄鳥有一個金屬紫色的帽子，這也是此物種命名的由來。平均而言，紫冠仙蜂鳥體重大約 2 盎司（相當於美國 5 美分鎳幣），體長是 4 英寸。

除了和一般蜂鳥一樣把花蜜作為其食物外，這些鳥也會捕食蜘蛛和其他蟲子。與蜂鳥一樣，交配後是由雌性來築巢、孵卵、育雛。從產卵到幼鳥離巢平均是 40 天。

這種鳥不太怕人，曾有攻擊其他蜂鳥的觀察紀錄，會利用喙製造出持續的碎裂聲，作為蜂鳥侵略的信號。

這些鳥類經過數千年共同的演化，一些花藉由牠們進行授粉。在覓食時，蜂鳥的頭部處於適當的位置，會被沾上花粉，這樣當牠們到下一朵花覓食時就會有授粉的行為。然而，當面對管狀的花時，由於他們的短喙無法碰到花粉，所以會用尖銳的嘴喙刺穿花的底部而食用到花蜜。不過，這當然會阻礙了花的授粉策略。

有著不錯的範圍和數量，這種蜂鳥在 IUCN 紅色名單上的保護狀態是值得關注的。

歐萊禮封面上的許多動物都瀕臨滅絕；所有這些物種對這個世界都是很重要的。

D3 實用指南｜程式設計師和科學家的互動式圖形工具箱

作　　者：Philipp K. Janert
譯　　者：何敏煌
企劃編輯：莊吳行世
文字編輯：詹祐甯
設計裝幀：陶相騰
發 行 人：廖文良

發 行 所：碁峰資訊股份有限公司
地　　址：台北市南港區三重路 66 號 7 樓之 6
電　　話：(02)2788-2408
傳　　真：(02)8192-4433
網　　站：www.gotop.com.tw
書　　號：A622
版　　次：2020 年 07 月初版
建議售價：NT$520

國家圖書館出版品預行編目資料

D3 實用指南：程式設計師和科學家的互動式圖形工具箱 / Philipp K. Janert 原著；何敏煌譯. -- 初版. -- 臺北市：碁峰資訊, 2020.07
面；　公分
譯自：D3 for the Impatient
ISBN 978-986-502-516-8(平裝)
1.Java Script(電腦程式語言)　2.網頁設計
312.32J36　　109006974

讀者服務

- 感謝您購買碁峰圖書，如果您對本書的內容或表達上有不清楚的地方或其他建議，請至碁峰網站：「聯絡我們」\「圖書問題」留下您所購買之書籍及問題。（請註明購買書籍之書號及書名，以及問題頁數，以便能儘快為您處理）
http://www.gotop.com.tw
- 售後服務僅限書籍本身內容，若是軟、硬體問題，請您直接與軟體廠商聯絡。
- 若於購買書籍後發現有破損、缺頁、裝訂錯誤之問題，請直接將書寄回更換，並註明您的姓名、連絡電話及地址，將有專人與您連絡補寄商品。